中国景观设计年鉴

CHINESE LANDSCAPE YEARBOOK 2018-2019

2018-2019

（下册）

《中国景观设计年鉴》编辑部　编

辽宁科学技术出版社

·沈阳·

CONTENT
目录

售楼处 & 示范区

—— 商业 & 街道

Dreamland and Time Filed —— Sky Tree

无锡绿地香港 · 天空树
——梦境与时光的对话

荷于景观设计咨询（上海）有限公司／景观设计

建筑设计：
柏涛
设计总监：
萧泽厚
项目面积：
90,000平方米
摄影：
鲁冰
开发商：
绿地香港

"读懂一块待建的土地，是一种'顿悟'般的体验，需要理解诸如风、光、环境影响、文化等元素，但同时也要想象这块土地上未来可能呈现的生活情景，好比坐时光机到未来亲身体会一般。"——安托内·普雷多克

绿地雪浪坪是我们对场地现状和地理混编的一次探索，而它的独特之处不是对传统功能的梳理、利益的填补，而是基于场地形与势的共融，打造成无锡首个TOD城市综合体。作为无锡首个地铁上盖项目，场地的利用，如苛刻的覆土种植条件、复杂蓄水排水组织、荷载计算与处理、景观构筑物基础的生根方式、植物材料的选择与维护等都具有很大局限性，地铁上盖如何破题，如何在建筑与场地之间建立情感的空间的联系，如何平衡在集约性场地上建立商业和住宅业态的双重需求，是我们面临最重要的挑战点。

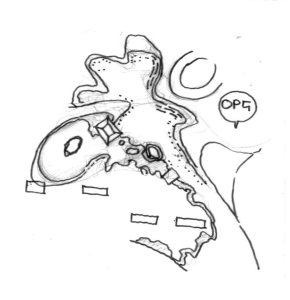

总平面图

设计之初，我们摒弃传统，更多的是着眼于场地本身和未来，希望将场地的特质、客群的倾向完整而极致地表现出来。在这里，我们跳脱出纯粹的场地推演设计方式，以"形而上"的视角重新审视这一场所。我们在设计中延续建筑山水意境，围绕建筑设计的戏台，在场地中心开辟出大面积的开敞湖面，作为场地的中心活动舞台，结合历史文脉形成独一无二的气质，充分激活地铁上盖"屋顶层"的空间，实现由古至今的时空对话。

设计主要由天空PARK、梁溪文化舞台、云顶活力栖居、多层次树谷四部分组成，分别打造：一个市民共享的场所，一个文化展演的舞台，一个健康活力的社区，一个立体交通的都会。

从市政道路转进来，进入电梯大堂，映入天空树的案名。这里是集约化的微缩城市与自然闲适生活的完美结合。我们用一个简洁精致"飘浮的盒子"的概念引入城市绿化景观，暗喻"天空"，外挂树形图案的穿孔铝板暗喻"树"。运用现代东方的建筑美学，树影婆娑的幕墙肌理，假山真水的景观布局，呈现专注匠心的细部品格。穿过电梯大堂犹如穿过岩洞而出，便展现出一派"喧鸟覆春洲，杂英满芳甸"的生机景象。精致的蒲公英装置艺术跃然眼前，在这里，孩童们嬉戏成长，大人们休憩阅读，整个场地焕发着新的生命力。

绕过蒲公英草原，一幅"春江潮水连海平，海上明月共潮生"的宁静致远便现于眼前。我们围绕星云之湖设置了一系列石凳、树池、躺椅等设施，平日里，阳光洒在湖面上，人们围绕湖面，仿佛行走的风景，串联起一幅幅落舟、踏浪、过礁、穿岩、观日的意境。这一意境既是对场地条件的统领，又是对无锡雪浪

山和太湖大地理环境的致敬，整个场地游走像是一次静止之形与流动之势中的行吟。节假日，湖面便是大型活动表演的舞台，结合水中戏台设置一系列水幕灯光秀展台、音乐喷泉剧场、商业宣传演出等活动人气爆棚。

清代张潮曾说："筑台可邀月，种蕉可邀雨。"作为无锡首个立体文化戏台，凝聚了时间与空间，与超级碗遥相呼应。戏台谦和的融于启动区"山""水"景致之间，形成整个启动区的景观聚合点。 作为重要的庆典广场和商业大道，祥云之道肩负着聚集人群和疏散人流的重要作用。市民在此集聚，参与各种庆典活动，进行各种商业体验，享受着城市带给人们的美好。

在戏台的对面便是场地标志性构筑物——超级碗，作为"高品质生活圈"的聚集地，在这里，打造集SPA、瑜伽、健身等多功能聚合的地下会所，同时还能奢享约1300平方米地下泳池和屋面无敌亲水平台，尽揽"绿地·天空树"的绮丽景致。"超级碗"前的"数字水帘"，动感、时尚，更可作为求婚告白的背景，浪漫至极。

《桃花源记》中"夹岸数百步，中无杂树，芳草鲜美，落英缤纷"的美景场面也不过如此，溪水边更设置了有趣的艺术装置，让亲子家庭在此流连忘返。要将设计师脑海中的景象以及场地的特质展现出来，其中巧妙的细节设计至关重要。设计师从材料、色彩、软硬景的比例结合等都经过精心、有序的搭配才能成就如此纯粹的设计。

生活是个过程，而过程更具有意义，设计亦是如此。

上海，普陀

Shanghai Landsea Peak in Cloud

上海朗诗藏峰

贝尔高林国际（香港）有限公司／景观设计

项目面积：

1.07公顷

景观面积：

0.83公顷

摄影：

琢墨建筑摄影

开发商：

朗诗集团股份有限公司

在对上海朗诗藏峰进行设计之前，设计师对项目现场做了实地考察。基地现状有一些简单的绿化、铺装和围墙，整体景观布局中规中矩，通风井和垃圾收集站更是裸露在外，景观效果较差，整个场地使用率较低，环境氛围压抑。设计师希望用设计为场地带来活力与生气。

上海朗诗藏峰位于长风核心商务区，紧挨古北高端小区，与大虹桥板块相邻，交通便利。为契合地块发展特色以及朗诗集团绿色产业的目标，该项目被定位为现代艺术风格，希望通过现代摩登与艺术创意相结合的手法优化空间，挖掘项目潜能，提升整体质量。

设计师希望通过景观改造可以重新定义藏峰，使其蜕变为长风区的一个焦点。故引入了"蝴蝶"的设计理念，并寄予美好的期望，期待它"破茧成蝶"：以水为径，引人入胜，行至溪尽，有"蝶"翼然临泉上。

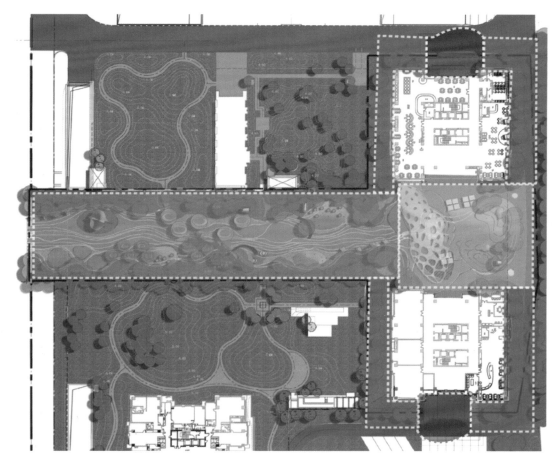

空间分析图

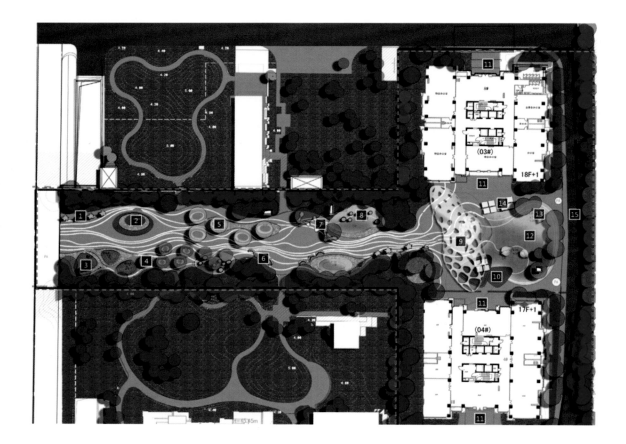

总平面图

1. 景观花坡
2. 精神堡垒
3. 镜面水景
4. 灯光树池
5. 景观树池
6. 特色景墙
7. 特色灯具
8. 景观廊架
9. 特色座椅
10. 木平台
11. 建筑入口
12. 阳光草坪
13. 特色雕塑
14. 休闲座椅
15. 机动车道

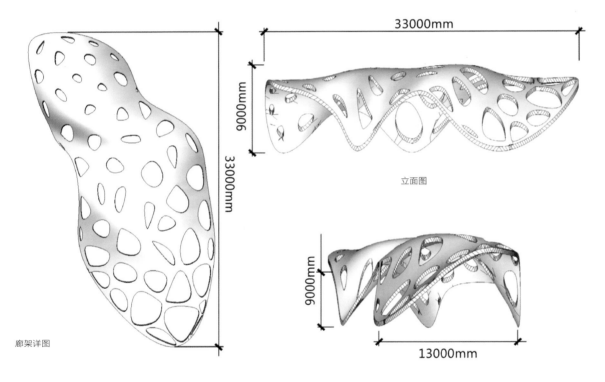

33000mm

9000mm

立面图

33000mm

廊架详图

9000mm

13000mm

以蝴蝶与溪水为设计思路，利用流水般的铺装，引导人们进入场地，结合流线型特色雕塑，水景作为点缀，逐步行至花园深处可见蝴蝶般轻盈的特色廊架。

朗诗藏峰的两栋建筑为办公与酒店公寓相结合，针对的人群主要为年轻白领，所以在设计上需要呈现一种时尚小资的生活方式，同时激发年轻人参与到户外景观中来。综合考虑到项目的定位和面向群体后，设计师在设计中融入了艺术化处理的空间手法，时尚感的灯带不仅仅用于观赏，同时具有引导的作用，白色的休闲坐凳在考虑整体色调融合的情况下设计成便于面对面交流的交错性布局，红色的艺术花灯为园区增添了一抹亮丽的倩影。

以水为径——线性绿廊

线性绿廊通过现代感的线条为设计主导，结合时尚感的三种灰度的混凝土铺装作为整个绿廊的主轴，同时考虑到绿廊的长度，设计师希望通过一束花的处理打破这种冗长感。同时整条绿廊皆使用内嵌式灯带。通过这些朴实材料的配合来实现光与影、虚与实的空间关系，信步其间之际，好似一条条明灯照亮，引导大家前行的路。

引人入胜——水景与特色小品

将蝴蝶翅膀上的花纹转变为设计语言，在入口处打造了三个大小不一的镜面水景作为主要景观节点之一。

在这个线性绿廊里，植物将以更为丰富的艺术形式与水景、小品相结合。或是围绕水景呈不规则的图形分布，或是与特色花钵结合在夜晚成为一盏明灯，它们时而规整统一，时而特立独行。各种艺术小品点缀在线性绿廊之间，信步其中，可驻足欣赏，可落座交谈。

有"蝶"翼然临泉上——廊架

沿线性绿廊向前行进，穿过特色水景与小品可抵达两栋楼之间的开敞空间，而这个区域最吸睛的便是巨大的纯白特色廊架。

它的创意来源于蝴蝶展翅的轻盈灵动，波浪似的造型仿佛一只在流水上翩翩起舞的蝴蝶，镂空的形状与主入口镜面水景遥相呼应，再次点亮设计主题。

以水为径，引人入胜，行至溪尽，有"蝶"翼然临泉上。

如今的朗诗藏峰极尽艺术美感，与建筑功能相互融合，为这里的人们提供了一个兼具质量、艺术、生态、人性化的活动交流空间。

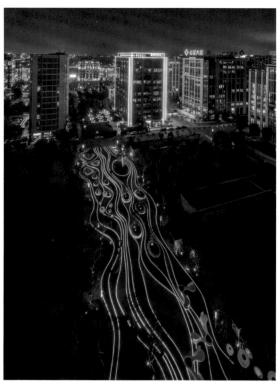

江苏，徐州

The Vanke Metropolitan City
—Genius Loci of Cable Factory

万科新都会
——电缆厂里的场所精神

荷于景观设计咨询（上海）有限公司／景观设计

项目团队：
吴昊、史晋伟、冯谦
设计团队：
萧泽厚、舒杭、阎先先、秦祺恺、张弘、周钶涵、任雪雪、林小珊、郭瀚泽
建筑设计：
VVS岭界
项目面积：
54,000 平方米
摄　影：
徐喆、萧泽厚、邱干元

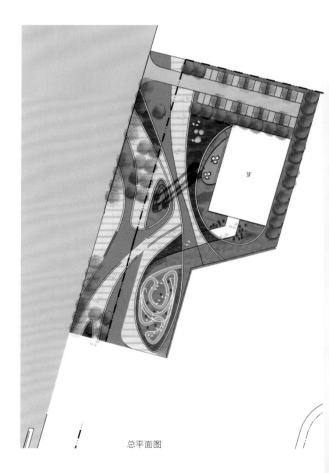

总平面图

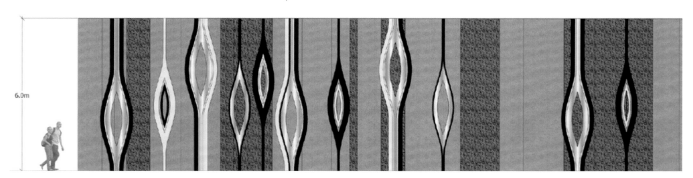

6.0m

景观应该在保持设计品质的同时，满足使用者的所有需求，尽可能实现各类人群丰富的生活愿景，每个人都能找到自己的定位，比如在商业步行区年轻人可以逛街，在外摆休闲区老人们可以休息聊天，在水景活动区小朋友可以戏水玩耍，户外空间不仅能作为室内生活的延展，也是社区生活的美好蓝图，趣味性十足的商业社区应该贯穿场地的每一个角落。

万科新都会毗邻城市最主要景观干道——北京路，它贯穿整个城市中心，融合了多种交通方式，人行到达便利。上位规划上，面对购物中心集中式爆发的直面竞争，徐州万科采取差异化竞争的优势策略，以社区为核心的小型商业作为其主要的战略定位。项目诉求是将整个空间从单调的未完善的交通购物空间向活跃的商业购物社区空间转型，而这正是我们打造这块场地的最终目标。

设计思考

作为万达广场前面的商业应该是什么样的？承载着社区人群所有生活期许的商业应该是什么样的？前期作为售楼处，后期将作为永续性的社区式商业应该是什么样的？这是我们对场地的思考，也是我们面临的最重要的挑战点。

我们希望这个场所是聚落，但又不仅仅是聚落，它应该承载着人们所有想要的理想生活、文化记忆、生活趣味、历史情怀，它应该是社区型的商业、休闲型的商业、有情怀的商业。

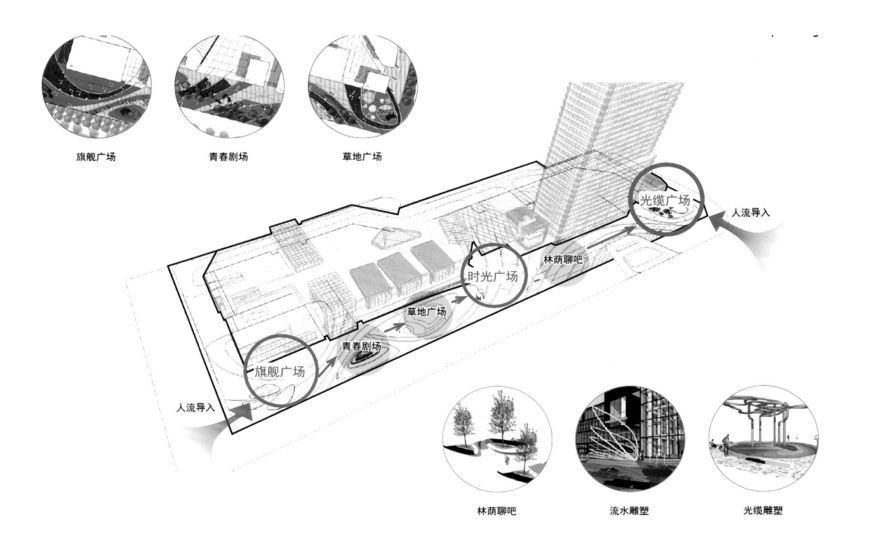

旗舰广场　　青春剧场　　草地广场

光缆广场　人流导入

林荫聊吧

时光广场

草地广场

青春剧场

旗舰广场

人流导入

林荫聊吧　　流水雕塑　　光缆雕塑

坐凳示意

流水形式

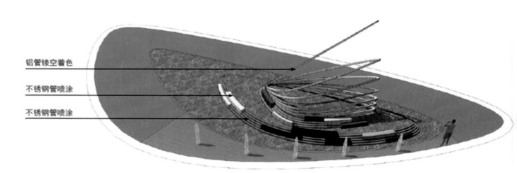

铝管镂空着色

不锈钢管喷涂

不锈钢管喷涂

红色管

黑色管

不锈钢铝板喷涂

7.5 m

镂空铝板喷涂

池底黑色石材贴面

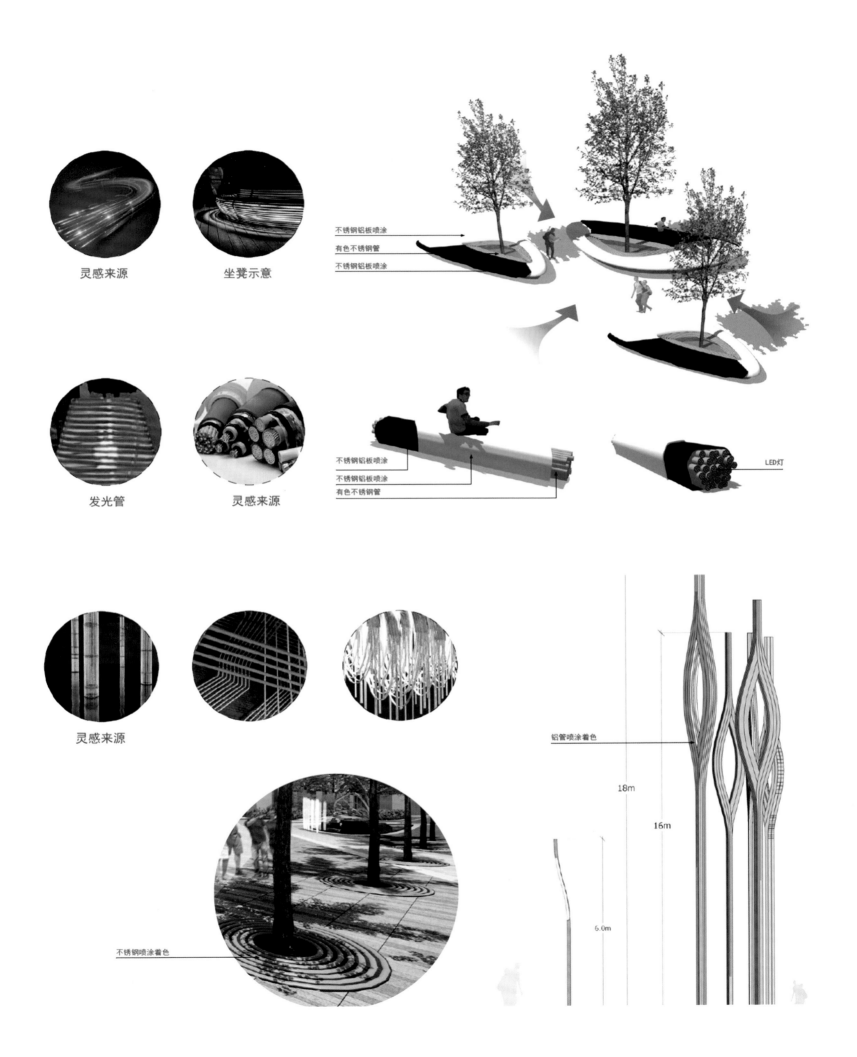

灵感来源　　　　坐凳示意

不锈钢铝板喷涂
有色不锈钢管
不锈钢铝板喷涂

发光管　　　　灵感来源

不锈钢铝板喷涂
不锈钢铝板喷涂
有色不锈钢管

LED灯

灵感来源

铝管喷涂着色

18m

16m

6.0m

不锈钢喷涂着色

设计理念

场地改造前身是徐州的电缆厂,作为场地的历史印记,景观空间的设计灵感延续场地历史中的"电缆"的设计思路,并加以深层次解读,即:电缆可以转化为各种形态,它甚至是包容改变时代的一种力,这也是场地景观设计"光缆汇聚"的概念发想。

我们把开放的商业空间、开放的景观空间、开放的市政空间串联在一起,打造开放活跃的城市社区空间,绿色休闲新社区。项目的设计范围包括入口引导广场景观、售楼处景观、户外洽谈休憩景观、形象展示景观、儿童活动景观。

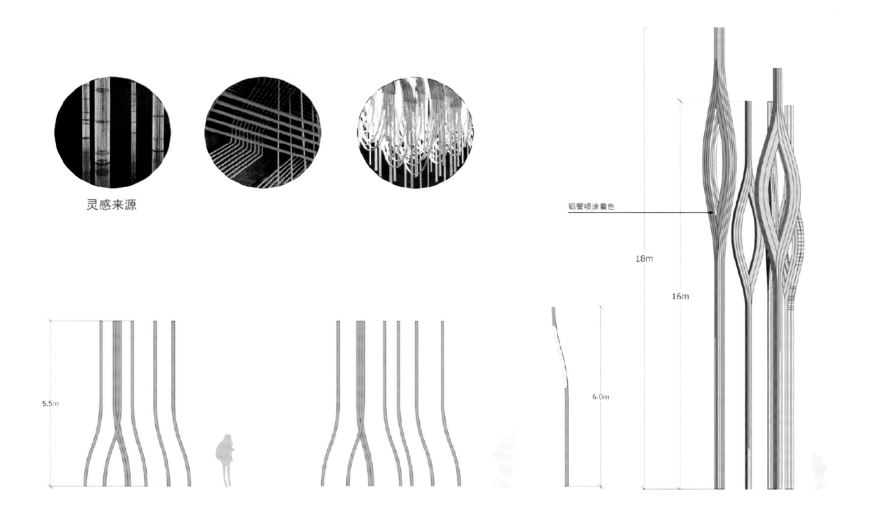

灵感来源

铝管喷涂着色

18m

16m

5.5m

6.0m

广东，东莞

Dongguan Vanke Zhongtian City Garden

东莞万科中天城市花园

坊城设计／景观设计

东莞万科中天城市花园位于东城区，场地周边交通便利，生态环境良好，地形变化丰富。基地位于城市花园社区的中间，是一个公共绿地景观。中间公共绿地的原有标高由北至南逐渐降低，并且比两侧地面标高低，呈谷地状态。景观设计着眼于如何创造一个社区与城市共享，满足不同人群活动需求的公共空间。无论是周边的居民还是社区内的居民，我们希望来到这里的人们犹如来到了一个主题乐园，可以在这里感受多样的空间氛围，进行丰富的体育活动。

主管合伙人：

陈泽涛

项目负责人：

卢志伟

设计团队：

敖卓毅、余陈华、Zhuromskii Sergei、洪庆辉、冯诗瑾、刘学发、林庭羽

施工图配合：

泛澳景观设计(广州)有限公司

儿童器械设计配合：

孚鼎（上海）环境设备有限公司

幕墙钢结构配合：

深装总建设集团股份有限公司

摄影：

陈冠宏

项目面积：

28,000平方米

业主：

东莞万科

总平面图

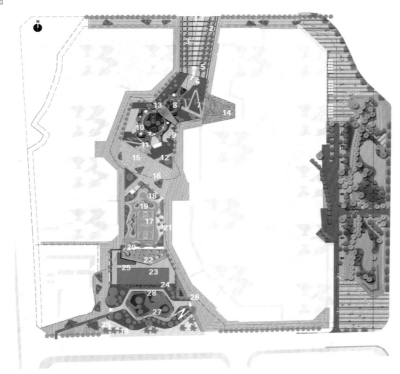

1 入口广场
2 旱喷广场
3. 树阵广场
4. 商业外摆
5. 镜面水景
6. 水景阶梯
7. 自然草坡
8. 儿童活力谷
9. 攀岩区
10. 木质坡面
11. 观景阶梯
12. 滑梯空间
13. 景观连桥
14. 美食风情外摆
15. 树池座椅
16. 社区广场
17. 户外运动广场
18. 轮滑广场
19. 种植区
20. 园区入口
21. 阶梯景观
22. 更衣室建筑
23. 休憩平台
24. 水上运动中心
25. 儿童泳池
26. 商业外摆
27. 戏水区
28. 跌水景观
29. 起跑点

树阵广场

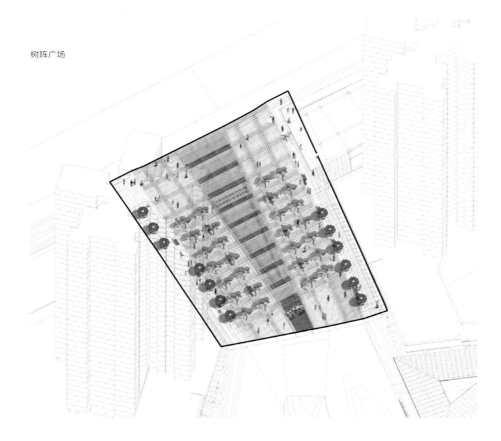

生成逻辑分析示意图

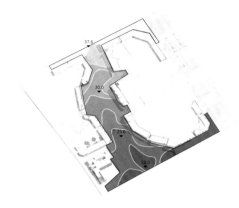

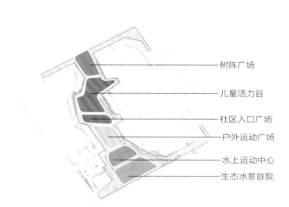

树阵广场
儿童活力谷
社区入口广场
户外运动广场
水上运动中心
生态水景庭院

生成逻辑

1.城市花园中间是一个公共绿地景观,高差较两侧低,以中间的开放空间连接南北两侧的社区。

2.景观设计需要打造一个共享的趣味谷地空间,同时保持场地内商业街道界面的完整性,合理化解场地高差形成无障碍的步行街。并且在两条步行街中进行有节奏的连接,根据空间特点创造出适合不同人群使用的活动空间。

3.最终将绿廊划分为多个主题区域,用两侧的步行街进行串联,在保持整体性的同时又有每个空间的独特性。分区由北至南分为:树阵广场、儿童"活力谷"、户外运动广场、水上运动中心、生态水景庭院,其中,树阵广场与儿童活力谷为一期开放。

树阵广场

树阵广场以树阵和旱喷水池景观为主,既可以调节场地微气候,同时强化

入口区的序列感和引导性,树荫下的空间可作为日常商业外摆空间,提高场地的利用率和活力。开阔的场地设计也有助于入口区人流的集散。丰富多样的灯光,为夜间活动的组织增添一抹别样的风情。

儿童"活力谷"

儿童"活力谷",利用原有的谷地空间打造一个安全、围合感强的空间,为儿童营造适合成长发育所需的锻炼场所。谷地内部设置了秋千、绳网、攀援、攀岩墙、大型滑梯等具有不同挑战难度的儿童项目,满足不同年龄儿童的活动需求。色彩选择以清新的蓝色系铺地来隐喻水流,以色彩丰富跨越谷地桥体隐喻彩虹。彩虹桥上结合儿童滑梯和秋千等儿童设施进行的设计,中间还有一棵大树穿透桥体,让每个通过桥的人都能感受到自然的趣味,丰富了竖向景观空间。这里将成为儿童自由奔跑、嬉戏、撒野、挑战自我的活力谷地。

儿童"活力谷"

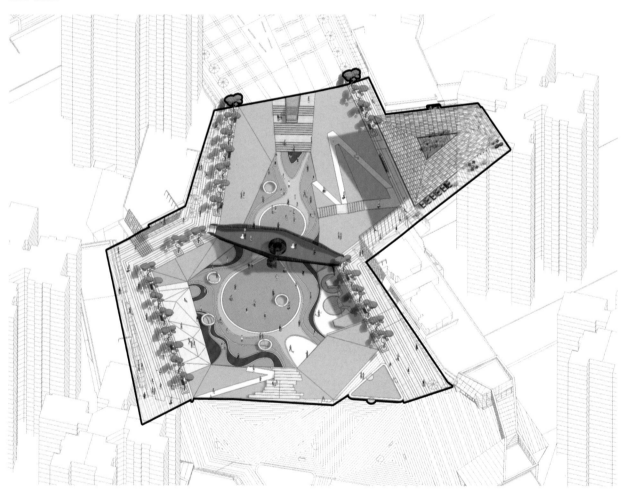

设计运用起伏的地景将篮球场进行围合，人们可以在此进行滑板、球类运动。

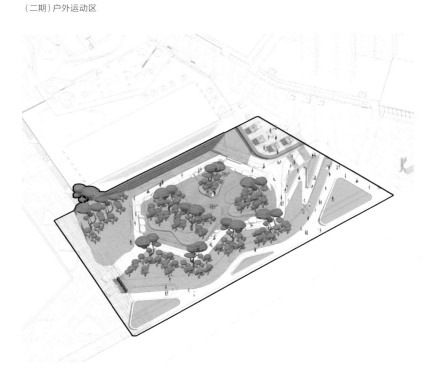

整个庭院下凹形成谷地，中间微微下凹形成蓄水区域，雨天的时候这里会变成一个湖景，晴天的时候则是一个活动广场。

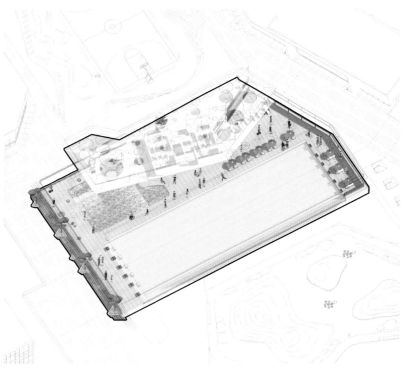

结合高差，设计将泳池南边设计为无边界，同时配以跌水景观，连接南边的亲水庭院。更衣室建筑提供了场地的休憩场所。

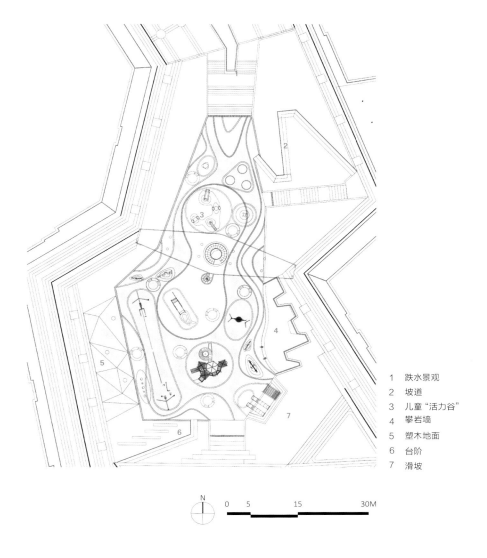

1 跌水景观
2 坡道
3 儿童"活力谷"
4 攀岩墙
5 塑木地面
6 台阶
7 滑坡

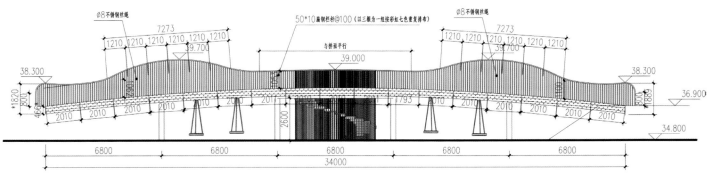

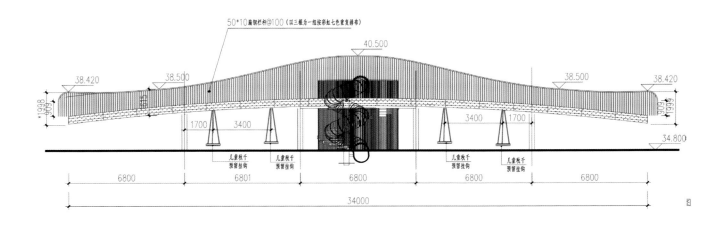

项目设计总监：
贝龙（Stephen Buckle）
设计团队：
Cameron Archie、李芳瑜、
任需涵、许宁吟
建筑设计：
上海日清
摄影：
存在建筑摄影
项目面积：
35,900平方米
业主：
武汉锦祥置业有限公司

湖北，武汉

One City Development, Gemdale Wuhan

武汉金地 • 中法仟佰汇

ASPECT Studios / 景观设计

"武汉金地·中法仟佰汇"位于湖北省武汉市，这是一个商业综合体的项目，由Stephen Buckle贝龙先生和其带领的ASPECT设计团队所设计的景观公共空间。包括一个文化与艺术中心、商业区和生态购物商场，这个全新的商业综合体项目的设计理念，深植于当地文化和以人为本的可持续性。

场所通过开放空间与环境相互交融，多维度绿化设计，塑造时尚与活力的城市客厅，不仅为周边住户提供文化艺术商业区和绿色生态的购物花园，更为商务办公人士提供高品质的现代办公空间，从而创造一种全新的时尚生活方式。一个兼具文化、社会和商业中心，作为家庭、娱乐和工作的场所。

设计概念与亮点

湖北素有荆楚大地之称，是凤凰的发源地。凤凰是楚文化的一面旗帜，贯穿于楚文化，始终在5000年中华民族的历史长河中作为一种吉祥图腾文化。这地标性的景观设计运用当代设计反映着武汉的历史文化，凤凰文化（起源于湖北楚国）正是整体景观设计的灵魂，以凤凰羽翼为设计概念，以抽象流畅的景观叙事，流线设计引导着社群聚集和活动空间。让设计深植于当地文化，以人为本可持续的景观设计原则，搭配整体为现代几何特征的建筑风格，并与互动性的水景喷泉和公共艺术品遥相呼应，营造情景化的生活空间，展示其地标性与绝佳的视觉效果设计。

一座"太阳能树"定义了中心广场的主要聚集空间，在主娱乐休闲空间中形成一个宽阔的树冠，保护人们并为其遮挡阳光和雨水。在其东侧，凤凰伫立的水池和水舞喷泉的两侧，是由当地树种所组成的多功能儿童玩耍空间、镜面水池和夏季娱乐空间，这四周都是林荫座位，供家长和民众休息观赏。水池广场南侧，标志性大范围的石材座椅，是由当地的石材雕刻而成，相互之间巧妙地产生视觉上互动，设计动线上有意地将人们相遇有机紧密地结合在一起，在斑驳的树荫中巧妙地进行社交互动。

楚汉凤凰文化与当地自然环境是澳派设计团队贯穿整体景观设计的灵魂，以楚汉文化凤凰与梭布垭石林为设计概念，提取灵动的羽毛、色彩与线条，融合到整体设计中，透过这三个设计元素的提炼，打造优美流畅的动线，同时不同区域景观色彩变化呼应着凤凰色彩，打造充满灵动的空间效果。公共区域设计灵感来自捕捉凤凰飞行的瞬间，将它舞动的翅膀和羽毛，与其色彩注入设计元素中。凤凰的设计语言将公共空间整合起来，同时武汉得天独厚的天然岩石林的环境特色，激发了整个流线切割石座边缘形式的独特设计灵感，从而形成了整个区域周边发展的框架。因此具有节奏感和序列感的羽毛与优美流畅的身体线条，同时表现应用在打造水景与座椅设计、引导性的铺装设计以及流畅的弧线构图，正是演绎灵动空间的律动之动线规划，同时凤凰鲜艳明快的色彩，来提炼整体的环境色彩。特别的灯光设计整合了该区的建筑和景观，让日常生活的工作白领和周末休闲小憩的人们，都能尽情享受从商业办公到娱乐休闲的互动空间。

澳派ASPECT Studios上海工作室总监Stephen Buckle贝龙先生——"大气磅礴，极富灵感，以人为本的社交互动空间"，这是其想透过多种元素传达的景观设计理念，不论是从规模，还是经验，每个设计巧思都让这个全新公共空间充满活力。同时精心挑选当地植物与树木，因为它能在四季中呈现出不同的自然景观特色，带来随着季节变化的设计空间。来自凤凰文化的发源地，联合顶尖建筑与景观设计团队打造了全新综合体，打破了传统封闭式商业格局，让商业逐步走向低密度、精致化、定制型和开放式的形态。由楚汉文化牵引下倾情打造重在精致体验感的凤凰文化，呈现独有的设计空间语言，这个创新设计思维与精致商业综合体，将为武汉带来新的生命力。

总平面图

1. 圆形露天花园
2. 人行桥
① 活动广场
② 森林花园
③ 樱花公园
④ 中心喷泉
⑤ 本地植物散步道
⑥ 主要入口特色
⑦ 人行道入口
⑨ 车辆卸货处
⑩ 行人峡谷
⑪

摄影：
易兰规划设计院、存在建筑等
项目面积：
115,393平方米

北京市

Wangjing SOHO

望京SOHO

易兰规划设计院／景观设计

　　望京SOHO位于未来北京的第二个CBD——望京核心区，东至阜通西大街、南至阜安东路、西至望京街、北至阜安西路。项目由三栋流线型塔楼组成，加上独一无二的都市园林式办公环境使其成为国内首个亚高效空气环境的办公和商业楼宇。望京SOHO景观项目建成后受到各界人士广泛关注，荣获2014年"美居奖"中国最美人居景观奖，在时代楼盘第九届金盘奖中荣获"年度最佳写字楼"奖，2014年北京园林优秀设计奖等众多奖项。并于2018年登上国际顶级景观建筑杂志TOPSCAPE PAYSAGE封面。

　　望京SOHO由易兰规划设计院与扎哈·哈迪德(Zaha Hadid)建筑事务所倾力合作，从建筑设计到景观设计，双方设计风格和实力得到了完美的结合和充分展现。整个项目围绕三座建筑分别划分为北侧、西侧、东侧和南侧四块绿地，不同区域表达不同的景观主题。为了体现四季更迭变化，易兰设计团队为望京SOHO打造了休闲剧场、场地运动、艺术雕塑、水景四大主题

景观。50000平方米超大景观园林，绿化率高达30%，形成了独树一帜的都市园林式办公环境。其独具匠心的音乐喷泉和园林景观设计，与楼群相辅相成。这一切使得整个项目在建筑、景观和施工组织等方面都达到美国绿色建筑LEED认证标准，打造出一个节能、节水、舒适、智能的北京新绿色建筑。

　　北侧绿地地势比较平缓，主要以地形围合的休憩空间以及音乐喷泉构成，平面构图延续建筑"锦鲤嬉水"的设计理念，线条流畅自然，与周边场地道路、地形植被交错掩映。水景由外侧抛物线泉、中心跑泉以及位于水面中央、由30米高气泡泉组成，配合韵律感极强的乐曲和炫彩夺目的夜景灯光，水柱则按照设定程序伴随着起伏的旋律，将艺术与科技完美结合，力求打造成动静相宜的办公休闲空间。西侧绿地距离市政道路较近，景观设计一方面利用密植的植物降低道路对此处绿地的影响，同时也将植物作为背景，在绿地内塑造地形，种植大面积地被以构筑幽静清新的休闲空间。

南侧绿地主要以运动、休闲空间为主。其中设置了小型艺术馆和运动场地，一条蜿蜒的跑步道将四周的绿地空间串联起来，汇聚形成天衣无缝的连续统一体，为人们提供更多休息放松的场所。

东侧绿地是该项目着墨最多的地块，该区域以两座重点水景和一座露天下沉剧场为主要景观元素。首先，位于场地东北角的水景，以建筑作为背景，引用建筑采用的流线型设计，打造层层相叠的跌水景观。另一座水景与下沉剧场位居东侧连桥下方地块内。该水景由连桥下方幕墙的流线型曲线逐渐演变而来，水景和幕墙紧密连接、相互呼应。下沉剧场，运用与竖向统一的流线型元素使整个下沉广场完美地融入建筑环境，青翠的草坪与花岗岩条凳穿插于倾斜的地形之中，自然阶梯式的地形处理特色，大面的开敞草坪预留出开阔的视野让视线更为开阔。

西侧绿地距离市政道路较近，景观设计一方面利用密植的植物降低道路对此处绿地的影响，同时也将植物作为背景，在绿地内塑造地形，种植大面积地被以构筑幽静清新的休闲空间。绿地北侧水景景观桥由钢结构支撑，设计中突破了结构难点，利用水平竖直双向曲面，打造灵动轻盈景观桥体。排水口暗藏于绿地与道路转角交汇处，美观实用。水景边矮墙座椅采用双曲面设计，既烘托水景区动感氛围，又能满足游客多角度观景需求。林下矮墙座椅采用双曲面设计，与道路用砾石自然衔接，既起到柔滑作用又能很好地限定空间。座椅正立面设置沟槽，隐藏灯带，丰富矮墙立面的同时提升夜景效果。流线型挡土墙与地形及道路用钢板收边，砾石过渡，并有植被遮挡其顶部，弱化墙体给人带来的压迫感，打破"横平竖直"的铺装拼接方式，采用统一倾斜角度，配合内部流线收边，彰显动感与现代感。铺装采用流畅的抛物弧线设计，铺装之间留有10毫米的渗水缝隙，框出有机形态后，再用不同的颜色或大小来区分体块，这样更容易强调边界。场地内井盖用石材镶嵌，既满足了功能需求又不切割铺装图案。

广东，广州

White Goose Hotel Landscape

白天鹅宾馆

GVL怡境国际集团／景观设计

主持景观设计师：

彭涛

摄影：

一勺景观摄影

项目面积：

30,000平方米

业主：

白天鹅宾馆

白天鹅宾馆坐落于广州闹市中的"世外桃源"——沙面岛南边，屹立于母亲河——珠江之畔。白天鹅宾馆于1983年建成开业，由霍英东先生与广东省政府投资合作兴建。作为中国首家五星级宾馆，白天鹅宾馆创造了一个又一个的"全国第一"，蜚声海内外，有重要的历史文化价值，在广州本地更是深入人心，成为市民心中的一个重要历史标志。

作为广州地区酒店岭南园林景观的经典之作，白天鹅宾馆将地域文化特色与时代精神完美融合，在创造一种从容不迫境界的同时又不乏优雅的文化内涵。

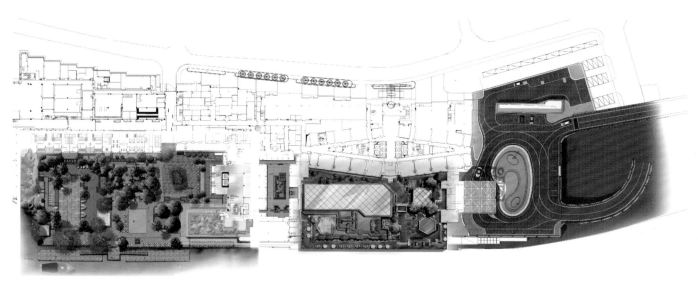

总平面图

以水为基点

白天鹅宾馆以故乡水为魂，将故乡水的概念进行扩展，用水来讲述白天鹅的故事。利用水也是岭南园林里不可缺少的元素这一特点，便可增加白天鹅的场地活力，把几个空间串联起来，形成连续、呼应的系列场景。

东入口水景

存在问题：单一的绿化比较平淡，三块石头散布，没有规律，缺少入口的氛围，如何将三块石头有机地联系起来，打造有特色的入口氛围？如何抓住白天鹅的DNA？这些都是有待解决的问题。

形态：改造后将两个绿岛合二为一，其形状以宾馆LOGO为基准样式参照，保证入口区域的流线更为规整简洁，通透顺畅。

一池三山：将合二为一的绿岛设计为景观水池，利用水景环抱三块英石，建立联系，塑造景观整体性，不仅符合"以水为基点"的改造理念，同时形成一池三山的造园模式。

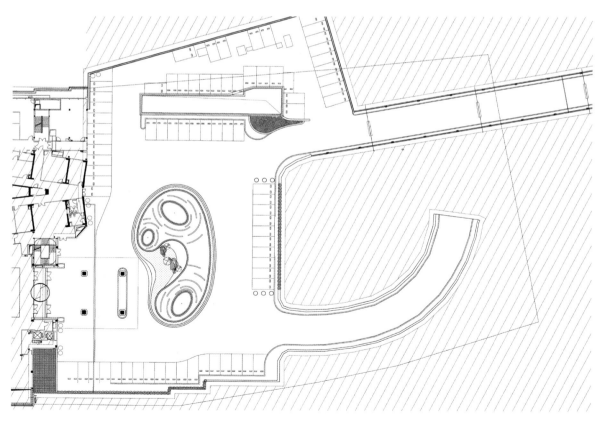

东入口平面图

风水：设计的同时也考虑到中国传统的堪舆学，门前有水为财，且形状为环抱式，"玉带环绕"为吉，因此水池的造型就参照了风水模式。

图腾：水景观和绿化的图案刚好形成了双鱼的图案，显示了中国园林道法自然，讲究调和的状态。

水景颜色，材料，形态：为了呼应建筑的白色，经过反复的筛选，最终设计团队选择了和天鹅白最接近的材料——雪花白大理石作为水景的主材，这种材料非常干净，宁静而优雅，非常符合白天鹅的气质。水景的底部，同样以黑金沙为材，黑与白两种基本颜色的完美搭配，把白天鹅的整体形象统一起来。

水景外形上设计团队还做了弧形倒角处理，不仅可以防止人车刮伤，更能呼应白天鹅LOGO的形象。为了减少大型水池带来的厚重感，对水池边也做了挑空处理，这样可以使水池显得轻盈，更富有动感。另外，在收边处安装了LED灯带，晚上便可利用其灯光勾勒出水池优美的轮廓，营造漂浮轻盈感。

本次设计在保留白天鹅传统经典特色的基础上，与时俱进，全新演绎新时代的审美情怀，在白鹅潭从容、优雅的环境中，融入现代独特的设计元素，既呈现了传统的岭南风韵，又展示了现代时尚的一面，满足现代人对生活追求极致享受的需求，让曾经风华绝代的那只"天鹅"更加光彩照人，经典永恒！

泳池花园植物配置平面图

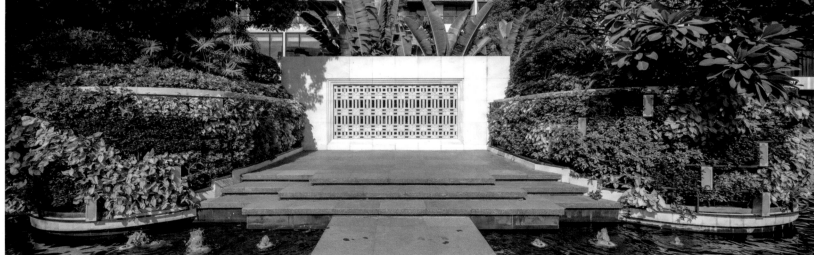

建成时间：
2017年
项目面积：
120,000 平方米
客户名称：
万达集团

黑龙江，哈尔滨

Harbin Wanda Hotel Group

哈尔滨万达酒店群

BJF(宝佳丰)国际设计／景观设计

　　哈尔滨万达酒店群是万达集团旅游综合体的一部分，由一个六星级(万达文华酒店)、两个五星级(万达嘉华和万达皇冠假日酒店)组成，景观面积占地2公顷。根据哈尔滨的人文特点，设计师提出了"新俄式"景观的思路，并充分研究了俄罗斯"夏宫""冬宫"的皇家园林特点和表现手法。在设计中从东正教教堂的拜占庭式建筑中吸取灵感，在景观构筑物、雕塑中大量使用了拜占庭式穹顶形状、欧式图案、雪花图案等元素。哈尔滨的冬、春季节漫长，夏、秋季短暂，给植物种植带来了一定的挑战，植物组成员开创性地大量使用当地植物，像白桦、蒙古栎等，既保证了景观效果，又保证了成活率。园区内的雕塑小品也采用了大量"俄式皇家园林"风格的作品，突出了皇家气质。

天鹅湖境

　　天鹅湖境是整个项目的焦点，大部分景观和观景动线都围绕着湖面展开。整个湖面由浅水区和深水区两部分组成。浅水区设置了六个拜占庭风格的景观亭，幽静的水面下设计了精美的池底欧式花纹，根据北方的气候特点，

景观亭进行封闭处理，做到了冬暖夏凉。

　　哈尔滨冬春季漫长、夏秋季短暂的气候，孕育其独特的冰雪文化，该项目设计之初，设计师就考虑到这点，除了将景观亭设计成封闭空间以外，湖面的浅水区冬季就可以作为滑冰场和冰雕展示区。在其他区域，设计师也一直注意气候变化对景观的影响，不论哪个季节都力求呈现出完美的景观效果。

钟情圣殿

　　灵感源自哈尔滨尼古拉教堂的"钟情圣殿"，借用了哈尔滨尼古拉教堂古朴典雅的建筑外形，但选择了钢结构及玻璃材质，与整体环境风格融为一体，既保持了教堂建筑的神圣和庄重，又不失现代气质。"钟情圣殿"除了作为供人们休憩场所之外，也可作为草坪婚礼的理想举办场地，为酒店后期运营创造了更多营利空间。

套娃花径

　　"套娃"是俄罗斯民族的传统工艺品,设计团队将"套娃"的概念引入到景观雕塑中,采用不锈钢材质,镂空欧式传统图案。为园区增添了些许轻松、愉悦的气氛。

繁花似锦

　　鉴于哈尔滨的冬季漫长、多雪多雾的特点,在植物种植上选用了大量当地的耐寒观干植物,例如白桦和蒙古栎。配以常绿、观果、春花类植物,使之每个季节都能呈现出层次分明、色彩丰富的植物效果。又兼顾到气候对植物和景观的影响以及后期养护问题。

雕刻繁花

　　以雪花、欧式花纹为基础元素,园区内设计了具有北方地域特色和浓郁"俄式皇家园林"格调的雕塑作品。

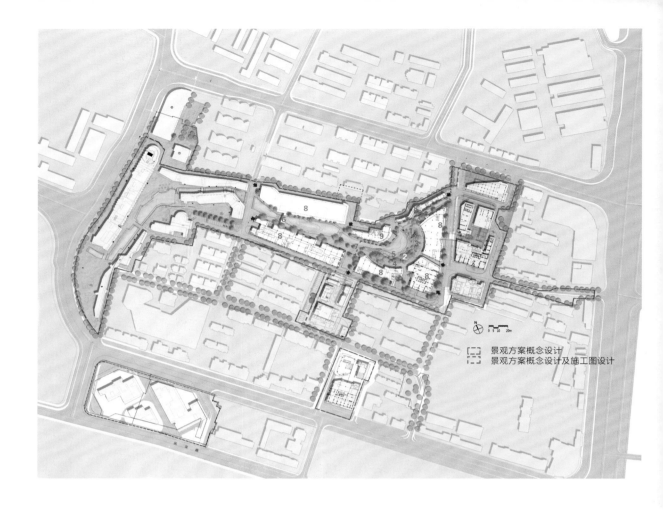

平面图

1. 跌水瀑布
2. 梯田植物
3. 滨水阶梯
4. 商业街道
5. 滨水平台
6. 石桥
7. 保留的历史井
8. 综合体 商业 / 办公 / 住宅
9. 多功能文化中心

景观方案概念设计
景观方案概念设计及施工图设计

项目面积:

22,203平方米

获奖:

2018英国国家景观奖

湖南，常德

Lao ximen, Urban Transformation Phase I

常德老西门一期

易兰规划设计院 / 景观设计

　　老西门项目位于湖南省常德市中心城区，临武陵阁广场。易兰设计团队承接了老西门项目总体的方案概念设计及老西门一期的景观方案、施工图设计。一期已于2017年末全面开街。项目委托方为常德天源住房建设有限公司，中旭建筑设计有限公司理想空间工作室主持建筑师曲雷、何勍担任主创建筑师，易兰规划设计院首席设计师陈跃中担纲风景园林设计。设计团队通过对历史基地和人文遗存的恢复及改造，运用现代建造技术手段，巧妙融入艺术、文化、自然三大核心元素，通过三者之间的互动，充分展现文化、自然及普通市民生活方式的交替与汇聚特色。将艺术欣赏、文化传播、自然绿化完美结合，为广大市民呈献了一个具有深远历史意义和社会价值的公共开放城市空间。

　　老西门一带曾是常德市的政治文化中心，承载着丰富的历史信息。始建于明初的矮城墙遗址、位于火神庙对面的丹砂井都是老西门历史记忆的延续。易兰设计团队在方案设计之初对场地中丰富的历史文化和人文遗存进行了梳理。根据不同的场地功能及文化资源，串联出老西门层次丰富的景观体系。设计中大量地使用本地材料和老旧物件，景观铺装以本地材料及传统街巷路面拼砌规制为主，灵活利用老砖、老瓦、石材以及木材等材料，通过组合运用增加时代美感。这些材料具有时间流淌的痕迹，配合大量老旧物件的收集与利用，形成具有浓郁当地风情的景观小品和铺装环境，唤醒人们对昔日场地的记忆，使景观节点承载休闲交流功能的同时饱含当地传统文化。

　　改造之前护城河被污水充斥，被危险的棚户建筑所遮盖。易兰设计团队对恢复与疏浚之后的护城河河道进行规划时，着力复原其在史料记载中的相关样貌，拆除棚户区之后，首先拿掉护城河的盖板，把护城河作为整个项目的核心绿轴，将整个街区串联在一起。驳岸设计使用乡土材料、乡土植物。池壁种植、水生植物、青石步阶、古井老树让人感到亲近而质朴。设计着重把护城河融入海绵城市建设体系、与老西门的建设相结合，以现代的设计理念让护城河焕发活力。

1813   ●1920   ●1943   ●1949

1969   ●1981   ●2013   ●NOW

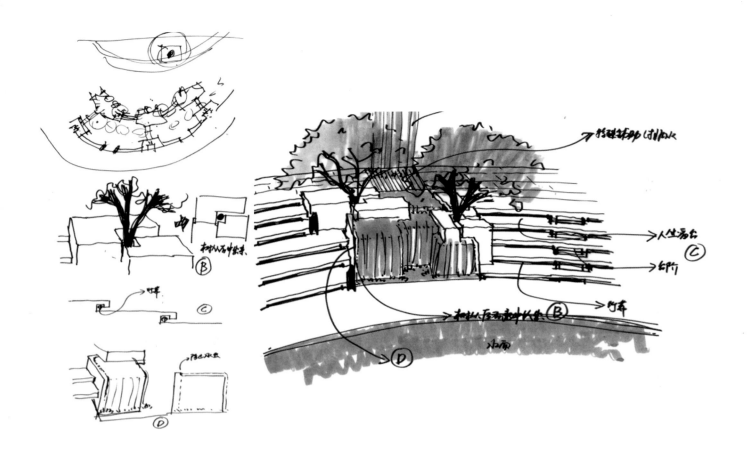

葫芦口广场与护城河相汇，是整个街区空间序列的开端，平面形态犹如一个葫芦，故此得名。设计团队根据当地"窨子屋"的建筑形式以"四水归堂"为灵感，利用竖向高差，用景观的手法再现了窨子屋四水归堂的情景。窨子屋是常德传统的居住方式，随着现代发展步伐的加快，承载着历史的窨子屋也在慢慢地消失。窨子屋四面屋顶均向天井倾斜，四面雨水流入堂前称为"四水归堂"。设计将河面转弯处适当扩宽，利用护城河水面与葫芦口广场路面之间的4米高差，以错落的青石台阶相衔接，形成了一个有围合感的下沉广场，周边的商业建筑亦呈围合状，雨水由环形坡屋顶落到地面而后汇入葫芦口，犹如四水归堂的情景再现。并以此创造出亲水的机会，形成丰富的空间效果。

葫芦口对面醉月楼的檐口下，是当地民俗戏曲表演或品牌推演展示的舞台，而葫芦口层层叠叠的石头台阶，成为天然的观众席。弧形台阶逐层叠落，与涌动的水幕、花池、植被、小舟、树阵相得益彰，成为最聚人气、最富情趣的去处。

老西门作为一个遗址，记录了中国城市化和意识形态的历史变迁。易兰设计团队从城市规划、建筑设计、水系恢复、景观环境、社区营造、街巷运营、文化延续等多重维度思考着城市的成功转型。通过综合的设计手段，使昔日被人遗忘的老西门转变为护城河畔的记忆画卷与街巷生活。

山东，青岛

Qingdao Oriental Movie Metropolis Wanda Mall

青岛东方影都万达茂

BJF(宝佳丰)国际设计／景观设计

客户名称：

万达集团

建筑面积：

360,000 平方米

设计时间：

2015年

竣工时间：

2018年

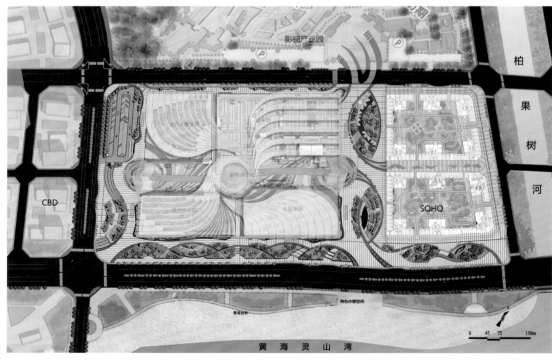

总平面图

青岛东方影都万达茂位于青岛市灵山湾，是青岛东方影都重要组成部分，作为该主题公园的主要室内活动场馆，如何适应电影主题以及在如此大的场地让游客方便地到达他想去的地方，成为摆在设计团队面前的首要解决的问题。与主体建筑结构相呼应，设计团队选择了飘逸流动的"胶片"作为景观方案主要元素，有机地将每个区域紧密联系，在图案设计上注重人流的引导作用，让游客方便地找到自己室内馆场入口，并尽量避免人流之间的交叉穿行，运营中最大限度地限制了因节假日人流激增造成的拥堵混乱。

广场水景区域被不规则的特色汀步分割为二，均有涌泉，动静皆宜。一侧与细腻的花岗岩挡墙相得益彰；一侧邻近木质纹理的景观廊架，适合游人休憩赏景。夜晚，水面映射建筑，点点霓虹灯光温柔而朦胧，搭配红棕色的景观廊架，营造出了迷幻的气氛。

主入口异型花岗岩铺装的半圆形胶片盘，几缕胶片延伸展开，拓展到更广阔的空间，极富艺术张力，置身其中，恍若在进行一场电影之旅。

广场地面铺装与建筑立面垂下的胶片对应设置，让景观图案由二维空间延伸到三维空间，使景观和建筑结合更加紧密。

借用电影镜头元素，把构筑物营造出镜头的虚实感觉；水帘飞珠溅玉，滴落地面，配合铺装一圈圈扩散出去，形成一道道涟漪；多种元素组合起来，使互动休闲空间主题性极强，且妙趣横生。

江西，南昌

Nanchang Avic City

南昌中航城

一宇设计 / 景观设计

设计团队：
林逸峰、吴字贝、亚历克斯·德迪奥斯(Alex de Dios)、王裕中、黄婉贞

摄影：
亚历克斯·德迪奥斯、卡诺·埃利希（Kano Eiichi）、张华宏

项目面积：
24,500平方米

飞翔记忆的重生

南昌洪都作为重要的飞机制造产业重镇，过去的洪都人带着飞翔的使命，创造了无数翱翔天空的飞行器械。本项目作为洪都老城区城市更新计划的起点，为此珍贵的历史意义，设计保留了场地的重要工业与自然遗迹，透过设计的手法，将旧厂房变身为未来小区的文创中心，让历史建筑重生，让飞翔的记忆延续。

老树的回忆听风的歌

除了保留厂房之外，场地内也保留了原有的林带。因为每一棵树，都见证了洪都的历史，伴随洪都人成长的记忆及呵护滋养这片土地的守护神。设计用一种呵护的心情，去看待场地的每一棵树，以"不破坏一棵树"为原则，顺势绕过每一棵树的手法来进行规划。其中入口区的参天松林区经过保留梳理后，变身成小区集会和各种活动舞台的"松之台"；而穿梭在后侧林间的"林之道"，则成为林间漫步，享受午后清风与光影之美的最佳散步道。

居于林隐于野

"林之道"除了散步道的功能，还连接至三座隐没于林间的住宅。住宅的概念，以将人造的介入最小化，最大表现自然之美为概念。房屋首先依着树林调整形态，巧妙地置入于林间。有的，美丽的枝干恰恰伸过窗边；有的，入口刚好有果实累累的橘子树散发香气。让生活融于自然，自然隐于生活。另外，建筑表面也利用镜面钢板的手法，让建筑变成森林，隐没于绿色世界之中。

天之桥云之谷

前广场的设计，强化了飞机工厂的意象，利用折纸飞机的"折"的手法，创造出仿佛一张沿着虚线翻折般的特色广场。"折"的概念也延伸至座椅的设计，结合人体工学及视线设计，设计出可以仰望天空，或坐或躺的雕塑长椅。广场上的喷泉，也模拟飞机飞翔时喷射出的烟雾做成特色喷泉，形成广场充满互动性与速度的活络氛围。

延续着以飞翔的历史作为启发，环抱整个园区的"林之道"，进一步结合保留的工业廊架，向上爬升成为园区的另一亮点"天之桥"，提供俯瞰园区最佳的眺望平台。而俯视园区的中心，是场地特别量身打造的"云之谷"，利用高低起伏的地形，和模仿云朵的水雾，成为每个孩子最喜爱的在云间嬉戏玩耍的游戏场。

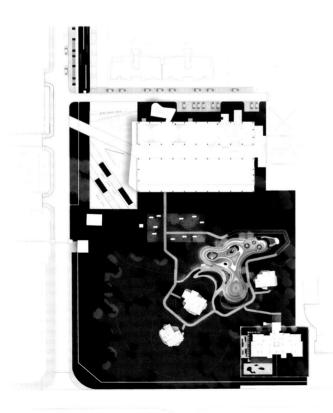

平面图

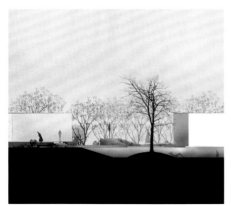

剖面图

生态园区永续园区

除了保护历史，活化园区，如何让场地能长久地传承，在环境及精神上永续，是另一个重要的工作。

设计利用了生态景观的手法，在园区人行道及内部景观设置了生态雨水花园的设计，来解决暴雨时防洪及减少维护成本的问题，让园区成为自体生态循环的生态景观。另外，更于园区设置认识植物、生态知识的儿童指示牌，让孩子们在成长的过程中潜移默化地爱护自然，了解自然，进而保护自然。

洪都的这片土地，透过这样人与自然、历史与未来，相互共生、尊重、保护的永续性发展，来创造下个世代的洪都新城，永续开发。

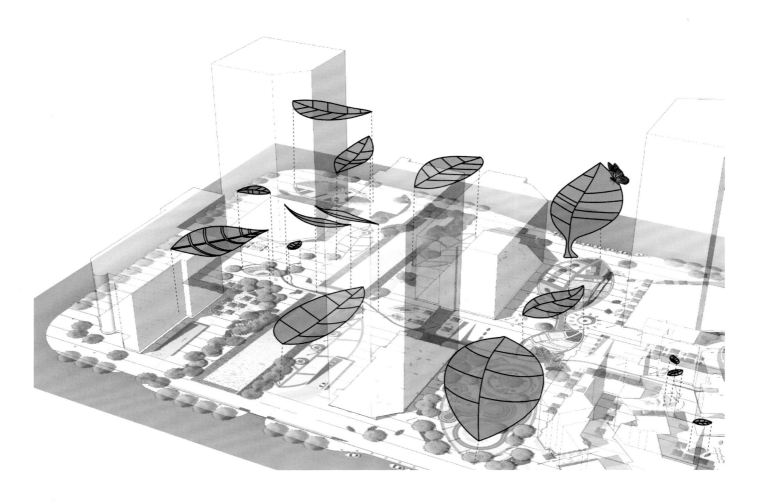

建成时间：
2018年
主持人：
徐睿绅
项目面积：
3,820平方米
摄影：
原象设计有限公司

雕塑结构深化：
深圳丑石雕塑
桥梁结构深化设计：
深圳华粤城市建设工程设计有限公司
业主：
广州万科（广州市融强物业管理有限公司）

广州，番禺

Vanke Jisheng Central Park
万科基盛中央公园

原象设计有限公司 / 景观设计

全新类型的景观定位

在蜕变中的城市植入新形态的公园式商业策略，创造区域核心新邻里。

有别于传统封闭内向的商场管理模式，基盛中央公园的景观空间与室内商场的面积比例是同类型商场的3~5倍，巨大的景观空间与丰富的内容彻底主导了整个消费的体验与空间的感受。这个新形态的商业景观所承载的是艺术的氛围、葱郁的水岸、参与的装置、亲子的欢乐、休憩的配套、运动的功能以及邻里的生活。

基盛中央公园透过非常规的价值体现，最大化景观与开放空间的价值，造就了开幕至今平均周末人流量4万人、开幕当日27万人的惊人表现。

当民众在开放空间停留休憩的活动时间大幅增加，也同时让这个独特的景观空间逐渐成为周边邻里共享的新形态都会生活核心及载体。

浪漫的景观地景

在都会的核心，也同时能够享受自己家后院般的闲暇，这是所有都人渴望的光景，也是奢侈的享受。在理解了整体空间的条件与潜力后，我们想要在这个新兴的城市核心，创造一个像是后院般惬意的都会型景观地标与开放空间，也因此定下了"彩叶里"的主题——让十多片巨型的彩叶成为都市后院里的地标，让大家在这个院子里用各种方法享受看叶子的乐趣与闲暇。

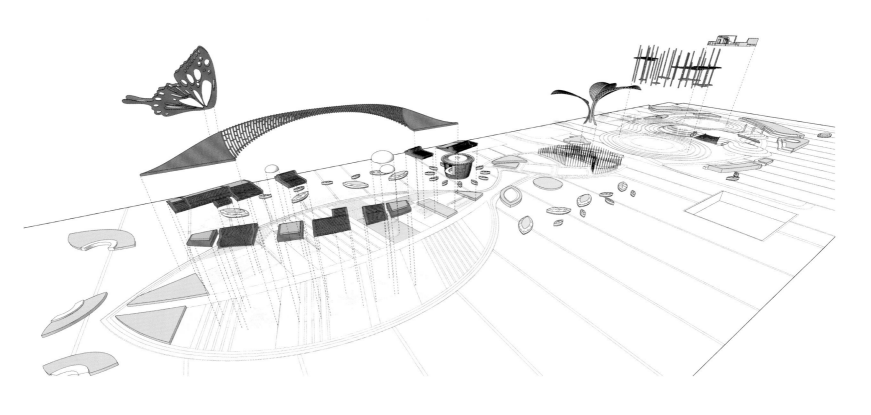

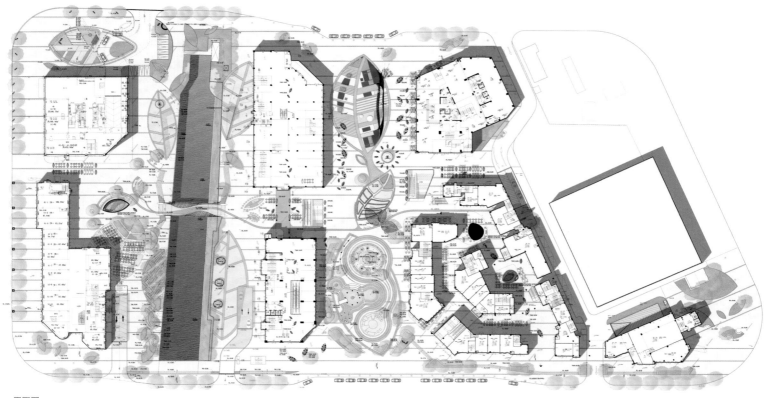

平面图

将分散的建筑功能融为一体的公园式景观规划

空间布局的理念上，我们结合了建筑内外的商业特性，在这个新城市邻里的崭新院子里撒下了十多片巨型的彩叶，作为地景的主题，让大家在这个新形态的都会邻里空间，能够在恣意地花费时间"看叶子"之余，也同时为社交活动、亲子空间、社区能量以及艺文栖息等开发定位上提供跨族群共享的复合型城市型开放空间。

景观功能与布局

总体的平面布局分成东区的核心广场，东西穿行的连廊与连桥以及西侧的水岸空间；北侧的核心广场是进入基地的门户地标，也是城市的地标焦点；入口的位置我们用卷扬的彩叶，以及停留在叶片上的巨型彩蝶，作为进入基地的第一印象。映入眼帘的是孩童的尺度在巨型卷叶地景上的游戏与参与。

中段位置的线轴交叉点是另外一片多功能可以戏水的叶子，喷泉从迷宫般的叶脉不定时地涌出，形成了参与性极强的水迷宫广场，除了儿童可以参与

嬉戏的时间段，其他的时间也可以作为整个社区活动邻里所需的活动广场；最南边的叶子则是搭配了课后学堂教育功能上的使用需求，承载了地景之丘与混龄休憩的活动功能。透过这几片叶子搭载的开放空间功能，串起了由南到北不间断的空间主题与氛围。

水岸的景观资源联系着东西两个商业片区，概念上我们放上了两片修长的棕榈叶作为连桥，优雅地横跨在河道上，联系着被隔断的动线，也同时串起东西两岸将近400米长的水岸空间，形成河道上新的景观地标与人流会聚点。棕榈叶如同百叶般的韵律感被分成两个方向面向光源，也在立面上创造了更丰富的光影变化与表情。

水质的提升与河道的整治也是整个水岸空间升级的重点工程，除了整体设计融入了彩叶的主题画面，业主的研究团队也全程介入了河道整治的工作。透过纳米增氧以及浮岛种植的方式，永续地逐渐提升水生态系统的自我修复与自净能力。

结语

    这个新邻里的基地位于城市的核心区位，也是地铁线首发站多线汇聚的枢纽。共计3.85公顷的景观设计面积，处理的内容包含超过400米长的水岸空间、河道整治与水质优化的生态议题，桥梁与动线的衔接与设计，地标雕塑以及超大尺度的中央商业广场（180米x50米）；目标是让公园式的商业规划理念能够完整融入，环环相扣，成为周边城市居民能够深刻参与的邻里核心以及整个城市表情逐渐被重新塑造的新载体。搭载着公寓、办公及商场

等城市核心功能，我们希望这个开放空间的营造，能够成为这个城市在逐步成长的过程里最重要的景观地标。

    番禺是广州的古名，看到络绎不绝的市民在十多个彩叶上的参与与使用，我们深刻感觉到这个苏醒中的城市，就像是一个具备蓬勃生长潜力，但还未被过度修饰的有机体。这个案子紧紧抓住了城市发展的机遇与源源不绝的能量，在最醒目的区位上创造了新形态的邻里风貌与文化。

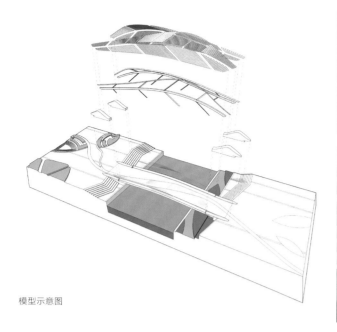

模型示意图

浙江，宁波

完成时间：

2016年

项目面积：

83公顷

摄影：

原象设计有限公司

Hangzhou Hyatt G20

杭州西湖凯悦酒店暨滨湖文化长廊G20景观升级

原象设计有限公司／景观设计

　　酒店建筑以U形坐向环抱湖面景观，针对2016年杭州G20接待四国元首的特殊任务，升级案的工作范围包括顶楼面湖位置两端的总统套房平台、贵宾室平台以及一楼滨湖区的文化景观长廊及其周边的休憩空间。

　　苏杭自古以来是中国最富庶的区域核心，多个世纪以来殷实的经济实力，造就了这个城市在文化上极精致的呈现以及对生活品位的追求。整个景观空间的策略，基本上离不开从这个城市丰饶的文化底蕴与其自然层次中萃取灵感。

让嘉宾的视线透过景观的层次·领略西湖山水的灵秀之美

　　第一次登上屋顶环顾湖水与翠绿的远山，意识到介于山水与室内之间，屋面层的所有景观元素，都将成为湖面与室内之间关键的界面与框景；我们希望从室内透过设计的景观元素远眺湖面，就像是用质感细腻的茶器盛装西湖龙井的碧绿，茶文化里既精致又朴拙的土坯线条与纹路，就成了这个设计中最重要的概念之一。沿着屋顶边缘蜿蜒的植栽带，透过视线的层次，轻托对岸翠绿的远山与环抱的湖水。

在古典文化里萃取当代经典·永恒的语汇与惊人的景观地标位置

　　除了碧绿，江南俯拾皆是的青砖创造的灰阶层次以及粗细不一的质地，映照着华中季节性变换的植被；灰与翠绿的对比几乎形成了千百年不变的江南印象。在硬景材料的选择上，也启发了我们利用从雪白到深黑，斧凿到火烧等多种面料加工方式，来创造更多层次的触感与颜色。在平面上蜿蜒的曲线，演绎着像是土坯纹路的墙体；从放线定位到石厂备料，所有的面料都以水刀加工、编号装运，再到现场还原墙体设计的弧度与层次。曲面墙的施工

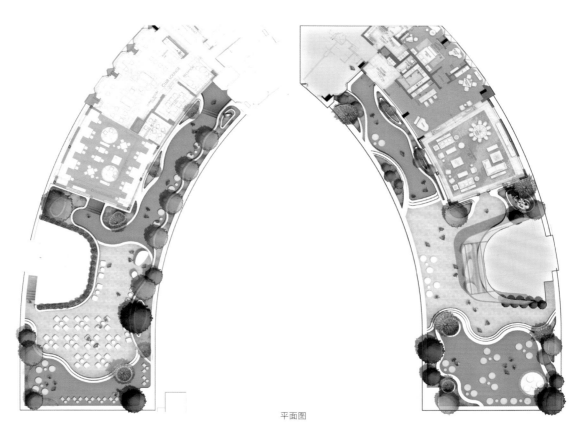

平面图

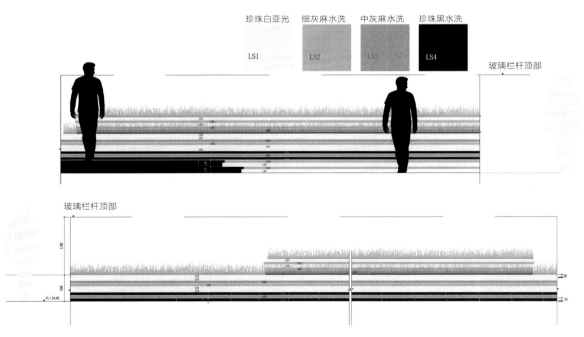

珍珠白亚光　细灰麻水洗　中灰麻水洗　珍珠黑水洗

LS1　LS2　LS3　LS4

玻璃栏杆顶部

玻璃栏杆顶部

在近乎疯狂的工期要求下，也直接考验着石材厂的工艺水准。平面铺装上，考量到邻接的建筑与植栽槽都是曲形的收边，石材的分割拼接方式以模矩化的方式铺排，让碎化的灰阶层次以新的序列在地面重组，纹路的边际以更自然的方式消失在多变的墙体下缘。

长廊——升级和展示当地文化

在地面层的开放空间部分，凯悦酒店此次也参与贡献了湖滨文化长廊的升级工程。对于这个邻湖的界面，设计课题面对的其实是一个非常特殊的景观元素——长廊。如何透过空间与景观元素的再现，能够呼应这个湖岸上的丰沛的历史底蕴、具备文化展示功能(设计要求)，同时又能成为平日市民游憩与驻足的城市空间，成为在设计过程中考虑最多的几个要素。

共存并融入湖滨景观和海滨长廊

反复推敲多种空间上的使用模式后，我们希望透过简洁不繁复的设计线条，结合能够镶嵌其中的雕塑展品，以尽量低调的方式与其周边葱郁的乔灌木融合。而立柱错位式的模矩设计，在整体拼接后形成了空间经验上更具流动性的视觉效果。在日间，廊架本身以极低调的方式融入原本路面上的铺装层次与茂盛的林荫，阳光能够自然而然地将光影叠加在地面相对应的分割线条。简约的构件与语汇，是希望这个设计能够更加禁得起时间的考验，也更能融入平日市民的生活当中；到了夜间，雕塑展品所需的光源从预埋的LED灯中散出，也同时洗亮数十座立柱与廊架的边框，伴随着彩霞映照的嫣红，形成湖畔另一个傍晚至夜间的亮点。

中国，重庆

Yannan Avenue, Chongqing

重庆北大资源燕南
大道改造设计

WallaceLiu (伦敦) / 景观设计

建成时间：

2018年

设计团队：

Jee Liu（刘婕）, Jamie Wallace, Manshu Cui（崔漫舒）

摄影：

WallaceLiu, Etienne Clement

开发商：

北大资源重庆公司

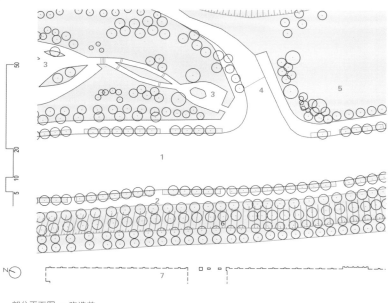

部分平面图 - 改造前

1. 车道
2. 人行道
3. 公园小路
4. 很少使用的车辆通道入口
5. 不可用的绿色空间
6. 绿色堤坝
7. 拟建建筑物

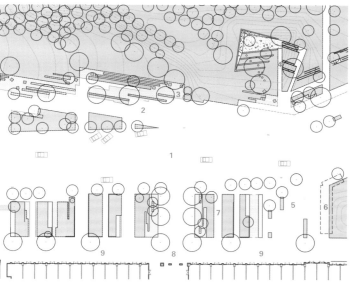

部分平面图 - 改造后

1. 人车共用街道
2. 公园人行道
3. 公园花园
4. 下沉游乐空间
5. 广场
6. 植冠结构
7. 梯级花园
8. 高层住宅的主要入口
9. 咖啡馆露台

位于伦敦的设计工作室WallaceLiu将中国西南部城市重庆的一条20米宽、1000米长的高速公路改造成了一条开放共享的"宜居街道"。设计的核心是打破一般城市公路的单一、线性的构图特征，用非线性的开放的公共空间尺度和格局取而代之。项目基地所在的燕南大道区域是中国当代城市发展的典型边缘地带，随着城市的扩张而重新定位了其土地性质。随着开发商北大资源的介入，大道沿线的7个地块将承载大片的高密度住宅。这条道路将贯穿近20000平方米的新开发的沿街商业，在服务新住宅区同时也要继续服务已有的几栋低保住宅。

WallaceLiu在2014年通过竞赛取得了该项目的设计。设计师最初认为，最经济实惠的解决与大道拐点陡坎所带来的安全隐患的办法，就是将整条公路缩减为两车道，但这一提议一直难以得到当地规划和交通部门的认可。在客户的支持下，工作室最终调整了设计思路但保持了原有初衷，通过人车共用铺装的做法来削减车辆交通的主导地位，并调整了道路沿线公共空间的整体构图。新的构图通过打通关键节点，模糊了实际道路与周围公园绿地、广场、口袋空间及其他城市休憩设施之间的界限。"我们想把整条公路沿线改造成一个适合步行和玩耍的地方。"

实现这个设想的具体措施包括在机动车道上整体铺设呼应银杏色彩的暖色调的小块混铺花岗岩，并把这个材料做法和纹理延续到人行区域。设计用石材铺装的图案取代了传统的道路划线，用新的沿街排水渠来过渡人行道和车行道的高差，削弱了道路原有的路牙特征。这些做法让我们得以保留现有基础设施的排水系统，并大大降低了新工程的成本。即使在原理上未能减小车道的实际宽度，在视觉上机动车道的主导地位消失了，取而代之的是一个整体开放的城市慢生活街道的印象。为了进一步调整道路与周边的比例关系，设计师有意地扩大了新景观元素的尺度，比如公共长椅、公园绿地的漫步道、口袋广场等，帮助车辆和行人对整个区域建立新的印象。

街道中段是这个改造项目的核心区域。WallaceLiu认为这一段应该是"最能体现绿色慢生活的一段"。设计师在这一段道路的东侧利用现有的成年树木，布置了一个开放式的以漫步道为主线的街边公园。公园的南端是一处公共儿童活动场。与一般的硬化标准儿童活动场地不同，这个活动场地通过塑造高低起伏的绿地，为攀爬、滑动和富有想象力的游戏创造了墙壁和斜坡，并营造了儿童在自然中玩耍的印象。公园对面放置了一组大型种植池和座椅，用类似的植被和设计语言创造了一个镜面式的绿色空间，将道路设置在这个绿色长廊的中心。

道路原有的沿街银杏树，在保留下来后通过增加和穿插其他种类的成树，从行道树变成了开放公园的一部分。成年的、遮阴类的树木是重庆炎热的夏天人们能够继续街道生活的基本要素。除此之外，工作室还设计了一组用吊挂彩色有机玻璃板构成的天棚，这些玻璃板在日光下将其丰富的色彩投射到地面和草皮上，成为复杂而生动的自然阴影。这样做的初衷是为了调节改善周边塔楼、城市背景和时而灰霾天气带来的压抑的灰色调。在关键的开放空间，布置有一组大尺度的预制钢木座凳，这些座凳的样式是可坐可爬的"波浪"平台。可以用于大型或小型聚会，吸引儿童在上面玩耍，同时它们还充当了新的心理信号，提醒司机在路过时注意减速。小号的座凳大多集中在公园绿地，以提供给更需要安静的个人使用。

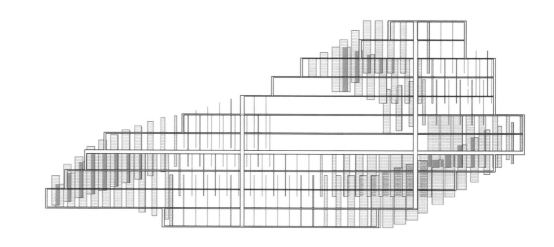

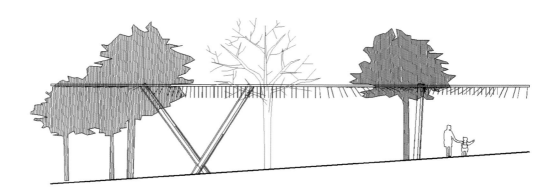

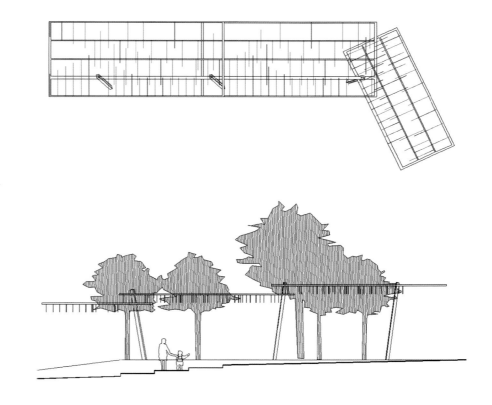

示意图

中国，上海

Greenland Lincoln Park

林肯公园的理想·家2.0

上海摩高建筑规划设计咨询有限公司／景观设计

建成时间：
2017
面积：
65,000平方米
摄影：
邬涛

　　理想·家2.0中有很多人性化设计的体现，比如交流座椅：采用流线圆润设计，使两人可以以一种轻松惬意的方式直面交谈；在户外配备了插座，提高业主户外的互动性及效率性，方便实用。本次理想·家共有9大亮点，分别为：社区公园、中心社区、景观会客厅、主题儿童、人车分流、刚柔并济、青梦天地、宠爱怡家、自然宜课。全方位、多维度来诠释最懂生活、最有意思、最贴心的社区，打造一个最写意版的理想·家。

　　小区在南面、北面及西面设主要出入口，每个景观组团中设重要节点。全区纵轴上设有景观回廊、音乐喷泉、活动中心、全龄儿童活动区及别墅区儿童活动场地。在高层区域内，还设有多个活动场地，如健身环步道、多功能运动场地、滑板天地及宅家会客厅；别墅区域内设有多个主题花园。

　　消防登高面设于车行环道上，使消防车道与区内车行道路共用，留出可使用的景观空间。为丰富社区居住生活，结合场地内部建筑半围合组团形式，借助曲线空间，连接主要功能，打造社区主题化活动功能体系。

　　全区的空间格局为一纵一横一环三轴线、四坊苑、九间堂。

　　一纵轴：南北向景观纵轴线，在空间组合上与行为一致，通过秩序化纵向通透的视觉流线引导人的活动，有目的很直接地去引导人们通过步行轴线走向不同主题的社区广场。

　　一横轴：横向的绿色生态轴上设有宅间花园、景观会客厅、休闲步道等，这条绿轴改善空间环境，加强绿化体系的完善。

　　一环轴：健康环设有全龄化活动场地、健身加油站、健身环步道等多功能主题空间。

　　别墅区划分为四坊苑，分别对应多文化植物主题的生态社区中心。四个主题为金罗满堂（罗汉松）、耸秀园（山石）、天香玉府（牡丹）、月桂华府（桂花）。

　　九间堂：在高层宅间九间堂中设计了户外植物博物馆、阅读驿站、露天美术馆、陶艺课堂、禅意冥想、爱乐剧场六大功能场所，为居民打造舒适惬意的室外空间。

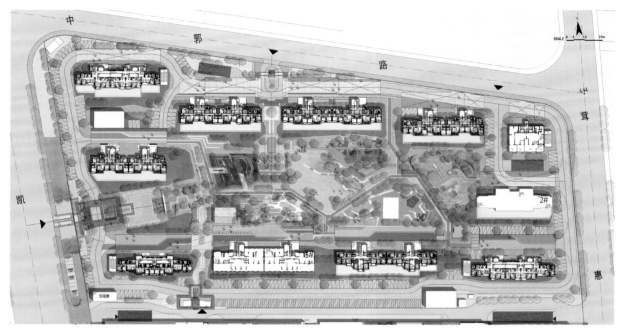

总平面图

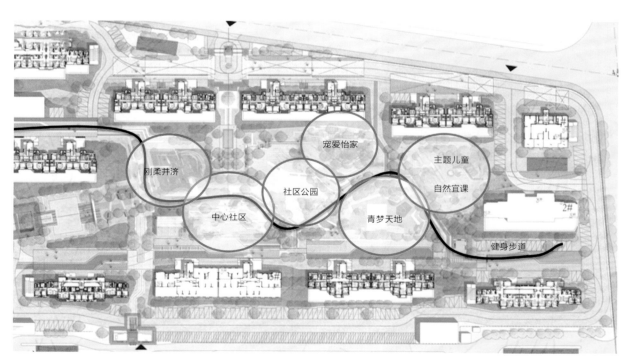

景观分析图

社区公园

    小区内有一片沐浴阳光的好去处，条状台阶平台或坐或躺，享受一份绿意。现在的社区模式，都是二老一小，所以我们将低龄儿童活动区与老年健身区相结合，无障碍设计使轮椅和儿童推车畅通无阻。兼顾老年人与儿童共娱乐，以高密度绿植空间为老人小孩提供清新居住环境。

中心社区

    在景观环境中需要有鲜明的活动场所才有机会聚集人气，并在邻里之间产生交流。中心社区的设计便是为了提供居民户外交流活动的多功能场地，不仅是造型美观的景观廊架，还可以在这里举行各种活动。

人车分流

    全区车行道形成外围环线，中心区域留给步行及活动人群，提高车行人行的安全指数。车行环道还将停车位及中心景观隔离，避免景观空间中出现大面积停车位，从而确保景观完整性。地下车库出入口尽量安排在靠

近小区出入口的位置，为减少汽车噪声及夜晚汽车光线对小区住户影响。

主题儿童

具备主题性的儿童活动区是趣味性与益智性并重的全龄化游乐场，小朋友们可以在游玩的过程中结识到不同年龄的小伙伴，父母也可以陪同孩子一起玩乐，使亲子间的关系更加密切。

刚柔并济

传统的运动器材仅仅只能满足老年人的需求，我们要做的是满足各类人群锻炼的需求。相比传统社区的漫步机、扭腰盘，我们把健身房直接搬到了室外，与景观相融合，在这里有瑜伽、吊环、有氧踏步、引体向上等，还有针对久坐的白领一族的山羊挺身器械，帮助缓解腰肌劳损。将社区运动区域打造成一个真正全民运动的场所。

宠爱怡家

现在小动物也是我们热爱的家人，所以我们为宠物主人设计了专门的展示台和牵绳挂扣，展现各家宠物姿态，成为主人们交流的场所。我们还设计了宠物粪便收集箱，提倡文明饲养宠物，美化环境。我们按照国际宠物选秀的标准，为宠物们设计了一系列玩耍互动设施，让宠物们有一个集中的玩耍区域，不用担心影响他人。宠物的主人们一同交流心得，促进良好邻里关系。

自然宜课

忙碌、快节奏的城市生活，让人们喘不过气来，回到社区中，体验简单的都市农场乐趣，比起普通的景观，这种自给自足的小型农场，结合了教育生态和经济的优点，寓教于乐，可以认识到更多的常见蔬果，也可以认领植物体验收获的快乐。

多功能场地

在社区中设置篮球场等多功能运动场地，为爱好运动的居民提供锻炼的户外空间。

山东，荣成

Xiangbin, the Freestyle Residence

自在香滨

BJF(宝佳丰)国际设计／景观设计

建成时间：

2018年

项目面积：

72公顷

开发商：

中车置业·荣成翠湖房地产开发有限公司

　　自在香滨为绿岛湖国际滨海度假区先期开发组团，建筑面积约72公顷，由高层精装修高档住宅组成。以"荣耀荣成首席住区"为宗旨，湖、湿地、海等自然资源以及高端配套集聚域内，品质生活醇美可见。项目私享一线海景，环绕逾460公顷得天独厚绿岛湖区，周边约10公顷湿地公园围合，尽享浩瀚绿海，养生漾心，酿造一份真切纯粹的身心居住体验。湿地公园、青山公园、十里河公园等景观配套，层叠翠景交相呼应，四季情致生活尽享，盛载居者的荣耀与惬意。从自在香滨到海滨广场步行仅十余分钟，便可体验远眺大海的舒畅情怀，亲近自然灵性，感受如画家园。观海、阅湖、赏湿地，景观效果无可逾越。丰富的原生态自然景观与多彩城市生活完美结合，未来生活可谓绿意盎然，生机无限。

　　自在香滨内部景观园林充分借力外围生态环境资源，与生态湿地、绿岛湖等资源融合，以北欧海洋风格为设计蓝本，利用植物、花卉、水系、小品，演绎欧式浪漫悠闲生活情境。四季植被铺陈、中央湖区逸景，美树成林、绿影婆娑，吸吮自然清新空气，每一步，沐浴繁花盛景，优雅享受自在身心。臻美内部景观与外围生态资源以及建筑完美融合，力求打造荣成城市首席公园生活。

　　设计团队首先根据现场基础，结合现在人的审美，利用圆形铺装和弧线，将各个功能区有机划分，同时，在中央广场设计了简洁的直线线条的"拱门"，形成了巨大的视觉冲击力。夜间照明系统功能与装饰性融合，突出构筑物和铺装的线条美，结合点阵照明，营造出繁星点点的意境。设计师别出心裁地将休息区设置在水景中央，中间采取了孤植，树的倒影与水景融为一体，周围设置了座椅，拉近了人与水、人与景的距离。在材质上，设计师主要选择了锈板和石材，充分利用天然材质本身的质朴以及岁月的痕迹，经历风雨形成的锈色，与植物的生命盎然的绿色形成了明显的对比，更显生命之力量。

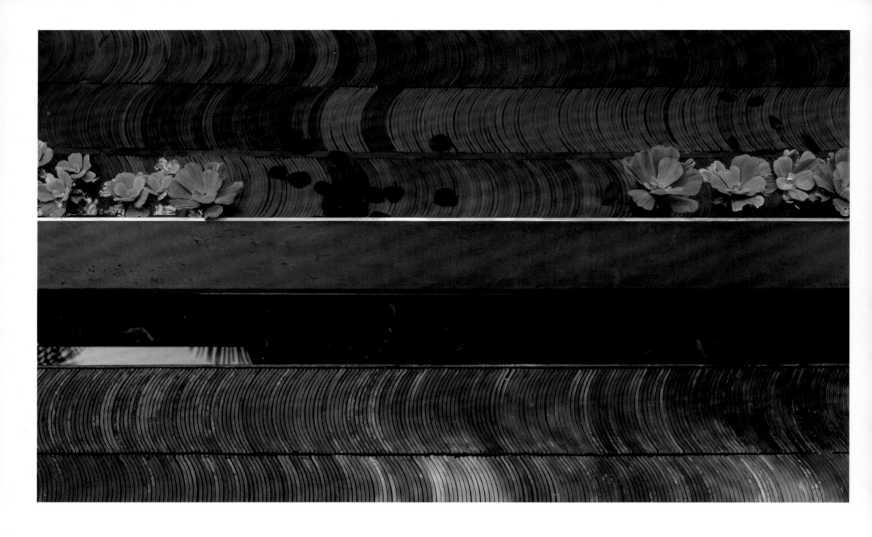

广州，恩宁路

Enning Road Yongqing Fang Renovation

恩宁路永庆坊改造

Lab D+H / 景观设计

建成时间：

2017年

设计团队：

李中伟、钟惠城、林楠、梁宗杰、蓝浩

摄影：

苏哲维、程国炎、刘建楠、李婷婷

项目面积：

2,000平方米

业主：

广州万科

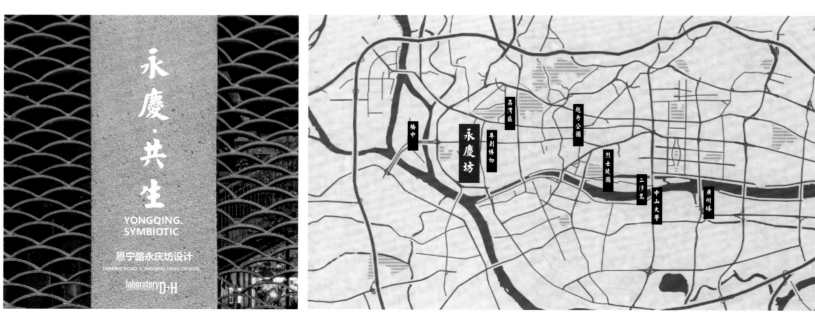

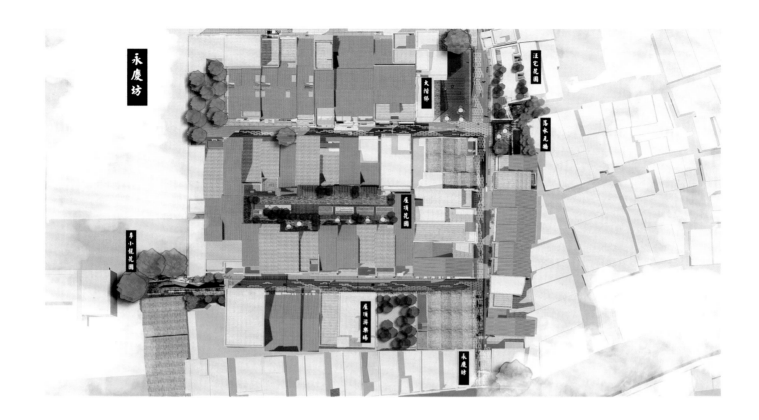

缘起

永庆坊位于老广州的核心地带——恩宁路。这条老街在晚清开埠的时候曾经是南部中国的经济核心区域。新中国成立后恩宁路逐渐破败，荣光不在。近年来，恩宁路的主街被逐渐开发成老字号一条街，主打文化旅游。虽然主街成了旅游景点，但是两侧的小巷以及周边的社区仍然是一个无人问及的贫民窟。

我们的项目正是其中一个老街区的改造，恩宁路99号永庆大街。永庆大街的区位十分优越，紧邻恩宁路主街，背靠著名的粤剧历史博物馆。街区内部有汪精卫故居、李小龙祖居等历史老建筑。在新的旧改中，星巴克体验店将会引入这个老区。同时，万科在旧建筑的废墟上建成了万科的创业中心、青年旅社以及儿童早教中心。值得一提的是，此次的项目开发，原有住户并不像一般的城中村改造一样拆除回迁，而是有一大半的原住民选择留在老的社区。所以，我们在永

庆坊的公共空间设计将会面对一个最为独特的议题：新的旧城改造如何让新的业主与老的居民"永庆·共生"。另外，如何有效地利用大规模拆迁产生的废料也是我们此次设计的重点。

总体设计

未来的永庆坊，老民居、老商铺、历史建筑、星巴克咖啡店、创业营地和早教中心的建筑各有不同、风格多样，公共空间的设计显得极为重要。如何将这些独特的建筑物连接起来呢？公共空间的节点如何营造才会成为一个吸引人气又不影响原住民的地标呢？

为了解决场地问题，我们将复杂的场地分成了三个系统：流线系统、文化节点系统以及自然节点系统。流线系统通过独特的历史铺装连接不同的建筑物与周边的社区；而文化节点系统则形成人们聚气的所在；空中自然节点系统在屋顶营造了一个绿意盎然的空间。

同时，我们有效地利用了场地的废料，如：瓦片、青砖、麻石以及木材，并将它们变为景观元素，变废为宝。

为了统一场地的风格，景观设计需要一个灵魂贯穿始终。我们的灵感来自于恩宁路错落的坡屋顶。为什么不把这个独特的元素"剪下来"呢？"剪"不但形成了独特的标示系统，"剪"还营造出四个重要的节点空间：历史剪影大瓦墙落水、节庆剪影木阶梯、休闲剪影屋顶花园以及人物剪影李小龙祖居入口花园。

永庆坊建成后，这里再次成为广州的文化新地标。如今创客企业、游客以及当地居民和睦相处，这充分表明了该景观设计改造方案取得了成功。永庆坊为旧城改造提供了一个全新的范例，同时也是社会各阶层融洽相处的媒介。

水景

休憩

精神堡垒

竹林

节庆的阶梯

休闲的阶梯

展示的阶梯

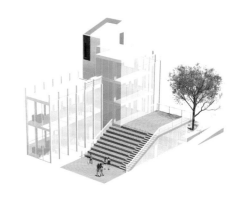
绚烂的阶梯

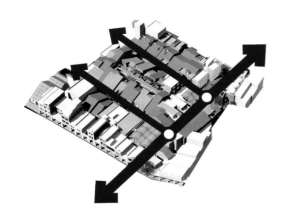
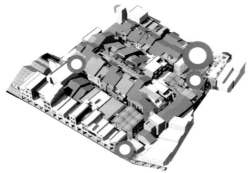
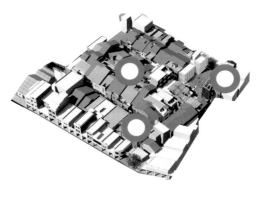

街道景观将城市贯穿场地　　　　　　地面节点成为文化地标　　　　　　空中节点打造多维自然

休憩茶室　　　　　　　　　　落水墙　　　　　　　　　　对景墙

遮阴　　　　　　　　　　种植

休憩　　　　　　　　　　铺装

如今的城市现代化改造趋于粗暴简单。改造者赶走老居民，取而代之的是新的居民。永庆坊的改造设计正是在这种背景下催生出来的。伴随着这样的改造过程，老街巷所遗留下的宝贵遗产和历史风貌将一去不复返。不过，在永庆坊的改造项目中，我们对这个曾经被遗弃的老巷弄进行了重新设计，创造了一个独特的空间，促进新老居民在一个稳定繁荣的社区氛围中交往、互动。他们过着优越的生活并且为现在的公共空间感到自豪。我们在设计中考虑了建筑的公共大阶梯、屋顶花园以及其他公共开放区域，促进了各个年龄阶层的共同使用与融洽相处，以一种自然融洽的方式化解了一度被遗弃的社区中社会阶层与年龄阶层之间的障碍。

瓦片　　　　青砖　　　　麻石板　　　　木材

江苏，扬州

Vanke Light of City

万科·城市之光

上海摩高建筑规划设计咨询有限公司 / 景观设计

建成时间：

2018年

项目面积：

3,400平方米

摄影：

Shrimp工作室

客户：

万科集团

平面图

"运河之光"借引古老的运河水，绽放城市之光，同时这也是对扬州城运河文化的景仰。古老的运河水哺育了如今的扬州城。方案在设计之中用光束线代替运河线，寄情于景的同时叙说古老扬州城传承千年的运河文化，呈现独特的扬州古韵。整个区域的灵感来源于光在不同介质中的折射与反射。通过"光"创造出一个光彩熠熠的星空广场。

创新之光

在星光广场中，我们展示了对于设计的创新，我们希望通过新颖的空间体验创造愉快、有趣、活跃的氛围。

我们首次将透光混凝土这种新型材料使用在地面铺装上，条带灯光透过透光混凝土，以线性条带的形式点亮广场，宛若星空中点点星光，随后让人眼前一亮的便是伫立在广场上的现代灯柱。镜面不锈钢材质，在白天反射着周围的景观，体验感与趣味性十足。

夜里冲孔金属板开始展现有趣的魔法，人们站在不同角度拼合成不同的词语，营造浪漫的星光广场。

在建筑立面上展现出灯光投影，结合高科技灯光投射建筑表面，提升商业氛围并优化城市界面效果。

社区之光

我们为餐饮商户和社区业主提供餐饮外摆区，商业餐饮的外摆区皆靠近建筑布置，便于商家和物业进行管理，并且外摆布置不侵占主要归家动线。

周末节假日时还可以在广场举办各类美食活动，不仅仅局限于味觉享受，我们还在广场预留出了乐队表演区域，活跃氛围。

我们的星光广场同时也是社区聚集的热点，社区物业可以举办不同主题的营销活动、社区活动及服务，如露天电影、社区音乐节、户外答谢酒宴等丰富的社区活动，营造悦活邻里、纵情享乐的社区环境。结合周边的业态，提供亲子互动空间，打造一道社区风景线，根据不同的参与群体，考虑了不同的空间活动，可以给社区中的家庭回忆中留下丰富的、有趣的日常体验。

未来之光

该区域在将来会作为城市书房，作为城市文化的公共空间向社区和周围居民提供阅读场所，通过景观来描绘一个灵活的空间，营造趣味十足的社区氛围，提供绿意盎然的景观空间与多样性的公共场地。为社区和城市增加更多星光闪耀的文化之光。

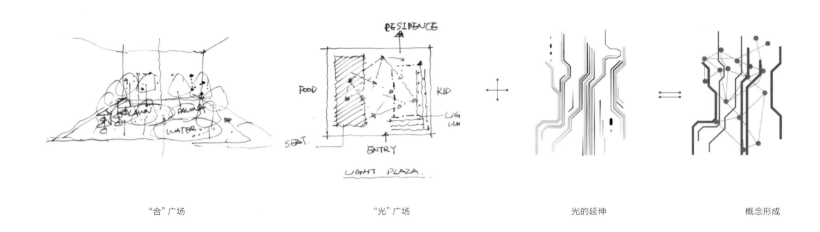

"合"广场   "光"广场   光的延伸   概念形成

流连·音乐之声

　　镜面不锈钢材质，在白天反射着周围的景观，在镜面灯柱底部还设置了神奇的艺术装置，人走过时还会发出不同的音阶，当行人游走于不同的灯柱之间创造出独特的音乐，体验感与趣味性十足。

办公 & 教育

横琴万象世界启动区

长春水文化生态园

中国信托企业总部暨南港世贸蕨类公园

衢州花园 258 创新创业园改造

杭州云栖小镇会展中心二期

南信青岛环球金融中心

北京亿利生态广场

惠州华润大学

珠海横琴自贸区

Hengqing Grand Mixc Exhibition Area

横琴万象世界
启动区

Lab D+H／景观设计

建成时间：

2017年

设计团队：

李中伟、林楠、梁宗杰、姜文哲、樊彧菲

建筑设计：

上海柏涛

摄影：

苏哲维、存在建筑

项目面积：

5,500平方米

业主：

珠海华润置地

万象世界启动区是华润置地在珠海横琴自贸区的桥头堡。在启动区的设计中，我们有效地在一座珠海澳门之前的填海新城中使用景观的手段重塑了一个崭新的文化：本土文化与葡澳文化的融合。融合的策略不仅仅是一个设计的手段，也被有效地运用在不同的设计细节中。公共空间不但承载了城市的需求，也成了一个全新大都会的文化图腾。

背景信息：一座多元融合的城

场地位于珠海横琴自贸区，是华润集团在横琴的第一个项目．横琴是一座全新的城市，自1979年后，快速的填海使它成为珠海和澳门之间的一个媒介。澳门人开始在这里办学、居住；而大陆的企业也开始在这里投资、建设。可以说．横琴是一座不断在对话融合的新城。而万象世界启动区将会是华润集团在这里的第一个项目。所以，如何在一座全新的城市中汲取两个文化的灵魂并注入在一个全新的景观中将会是此次设计的重要议题。

景观设计：文化与现代的融合

我们提取了葡澳文化中黑白分明的马赛克广场、广东岭南园林的元素，并将它们融合改造注入现代的景观中，形成了独特的设计质感与风格。葡萄牙马赛克广场经过设计的抽象简化，形成了黑白灰三色的流水广场。流动的语言像是交融的海流，融合逐渐从设计策略转化为形似岭南园林中的假山，经过设计的干预，幻化成一个可以反射周边的不锈钢假山。珠海澳门之间穿梭的游船成了可以在夜间发光的座椅，而奔涌的海流则成为座椅上的穿孔图案。而珠海市花杜鹃花则成为贯穿场地的景观元素。

穿孔幕墙：多学科之间的融合

作为华润集团在横琴新区的第一个项目，它应该是一个文化融合的桥头堡。建筑师设计的穿孔钢板连廊成了一个有效的突破口．我们设想，为何不将华润集团对于桥接澳门珠海的展望幻化成一个飘浮在空中、穿孔的山水长卷呢？我们邀请10 Design提供了三幅效果图长卷，并经过非线性的研究计算形成了40万个穿孔。值得提的是每一个穿孔经过数据分析都成为可以完美切割的整数。无数个穿孔形成了一个58米x7米的穿孔幕墙连廊。白天，幕墙成了一个美丽的画卷。夜色降临，穿孔钢板成了漂亮的光环，成为横琴新区最亮的一盏灯。可以说，幕墙的设计是一个完美的多学科融合的结果。

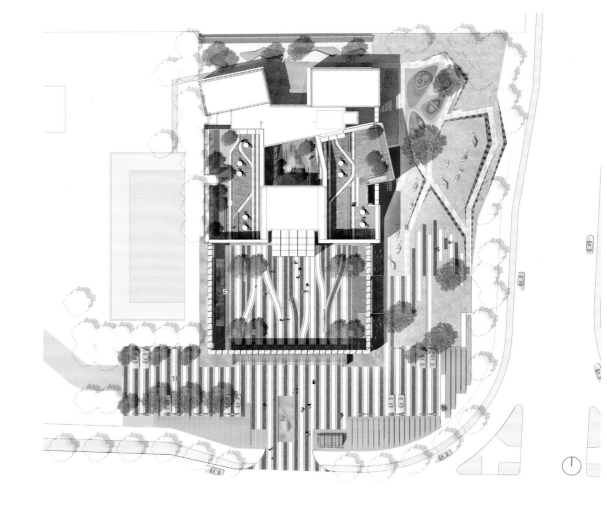

总平面图

1. 入口标示
2. 叠峰水景
3. 入口棚架
4. 水流广场
5. 山峦落水
6. 中庭
7. 禅庭
8. 屋顶花园
9. 飞鱼花园
10. 泊车森林

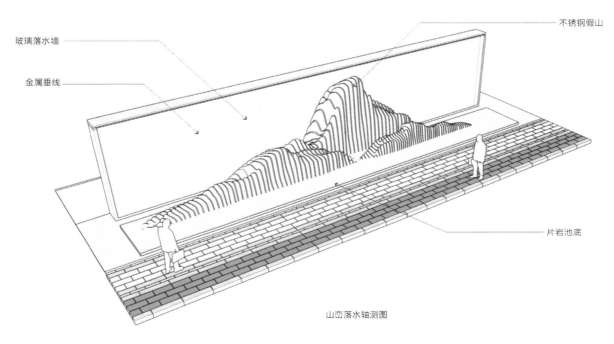

玻璃落水墙

不锈钢假山

金属垂线

片岩池底

山峦落水轴测图

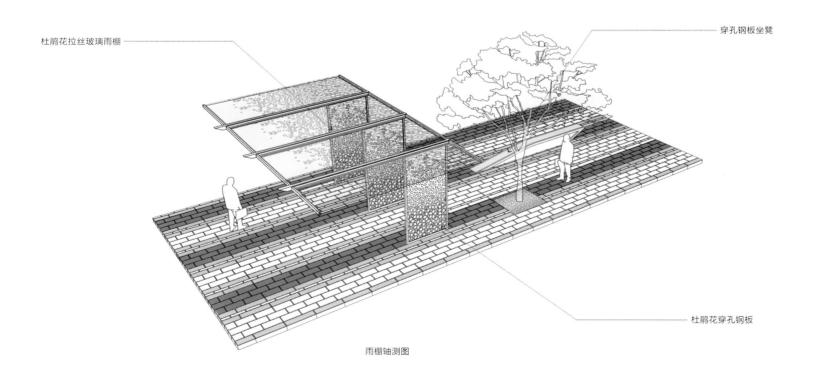

杜鹃花拉丝玻璃雨棚

穿孔钢板坐凳

杜鹃花穿孔钢板

雨棚轴测图

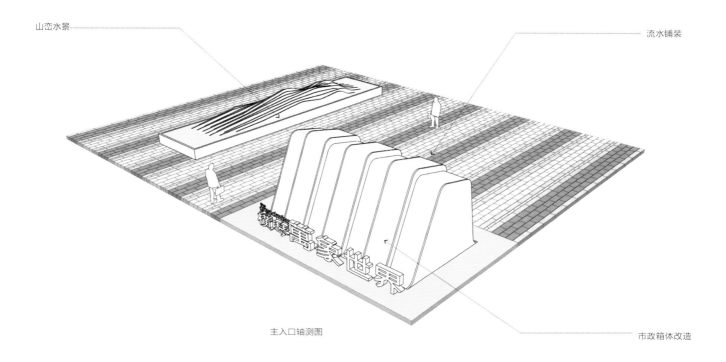

山峦水景

流水铺装

主入口轴测图

市政箱体改造

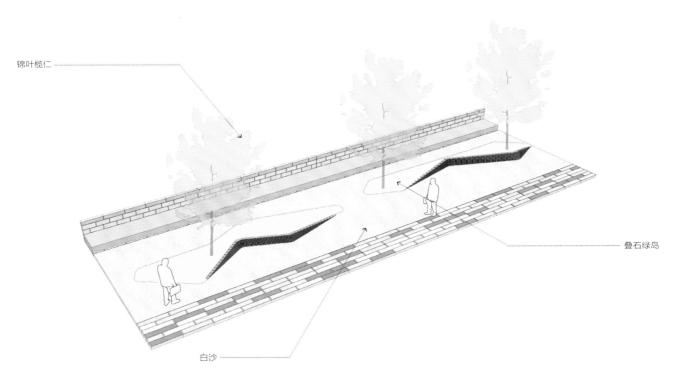

锦叶榄仁

叠石绿岛

白沙

禅景轴测图

吉林，长春

Changchun Culture of Water Ecology Park

长春水文化生态园

水石设计、中邦园林 / 景观设计

建成时间：

2018年

主创建筑师：

水石设计

设计团队：

设计四部 / 景观四室 / 水石工程（米川工作室）/ 技研中心（成一工作室、盈石工作室）

摄影：

潘爽、王琇、邓刚

建筑面积：

50,000平方米（项目总规模：30万平方米）

业主单位：

长春建委 / 长春城投

长春水文化生态园是关于工业遗迹保护与改造的城市更新类设计运营项目，原为伪满时期建造的长春市第一净水厂，拥有80年长春市供水文化印记和30万方城市腹地稀缺生态绿地。

一场工业遗迹文化的记忆

在景观设计上，我们通过文化情境再现和历史建筑再利用，最大限度地尊重历史文化遗迹，对储水工业遗迹景观进行改造利用，尊重场地特性，减少开发带来的二次破坏。我们不"蛮拆""蛮推"，尽量保护原有的场地材料、场地特征，并且重复利用遗迹材料，让园区在新生中也能带有历史的痕迹。

一个城市自然绿肺的复苏

30万方的城市生态绿地拥有不可小视的生态价值和生态影响力。设计需尊重场地的生态系统，实现城市发展与生态资源共享。贯穿整个生态园的森林景观长廊，在带给人们舒服的有氧漫步体验的同时，尽量减少对原有植被体系的破坏。在科学合理的流线规划下，园区内保留了多个混凝土结构的沉淀池和清水池，以保留和强化场地工业特质，最大限度地减少原生环境破坏。

一次历史建筑群落的重生

长春净水厂原有80多幢建筑，其中18幢为伪满时期保护建筑。设计本着尊重建筑历史的原则，老建筑群落均以还原为主，保护其历史原貌，保证外立面不变。根据建筑的原有空间特性以及重要性，部分保留建筑采用了修缮修复、装饰设计以及改造扩建的三种设计方法。

一次市民休闲生活方式的激活

全区唯一中央完整绿地草坪设置为可举办各类文化活动的艺术广场，其四周通向沉淀池、森林长廊、水文化博物馆群落等，无论你朝着哪一个方向走去，生态园总会为你呈现不同的美丽景色。长春水文化生态园以生态绿地为载体，以绿地资源活化与再生为抓手，将工业遗迹与自然景观有机结合，并注入文化艺术、时尚创意的元素，凸显人与自然互动，促进生活方式的提升与改变，力求打造成中国城市更新及工业遗产保护新典范，开拓出与城市活动与产业结构升级充分融合的再生模式。

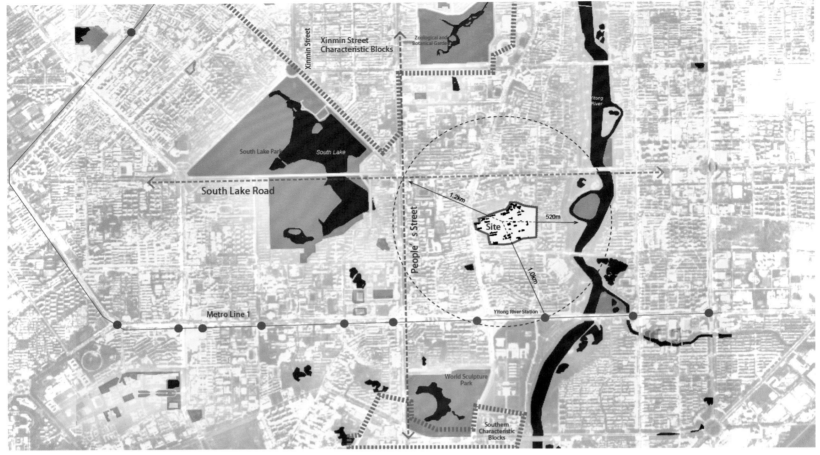

区位图

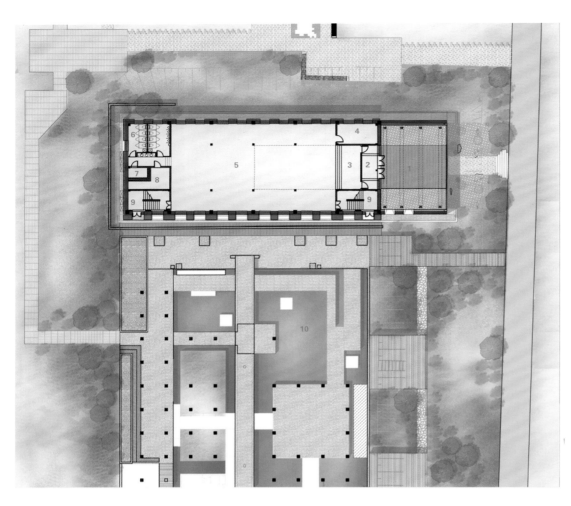

文化艺术画廊平面图
1. 入口
2. 门厅
3. 大堂
4. 管理者房间
5. 开放办公区
6. 洗浴间
7. 计量间
8. 高 / 低压室
9. 楼梯
10. 蓄水池

清水池里的生长空间 – 建筑改造

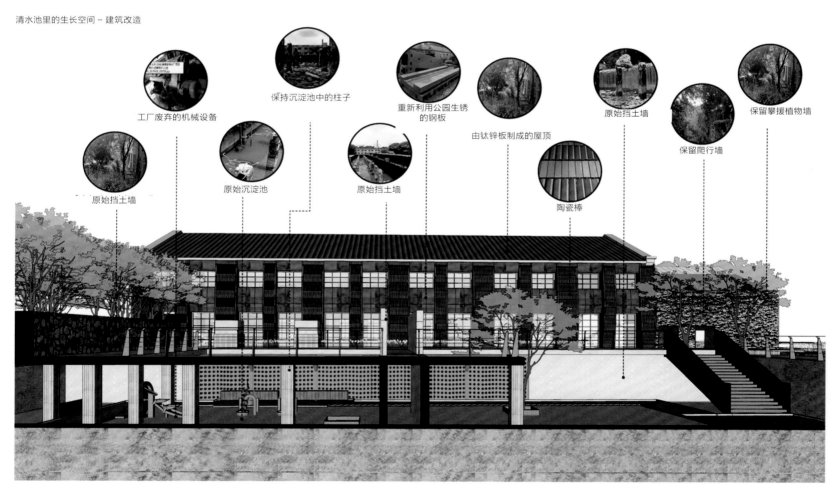

工厂废弃的机械设备

保持沉淀池中的柱子

重新利用公园生锈的钢板

由钛锌板制成的屋顶

原始挡土墙

保留攀援植物墙

原始挡土墙

原始沉淀池

原始挡土墙

陶瓷棒

保留爬行墙

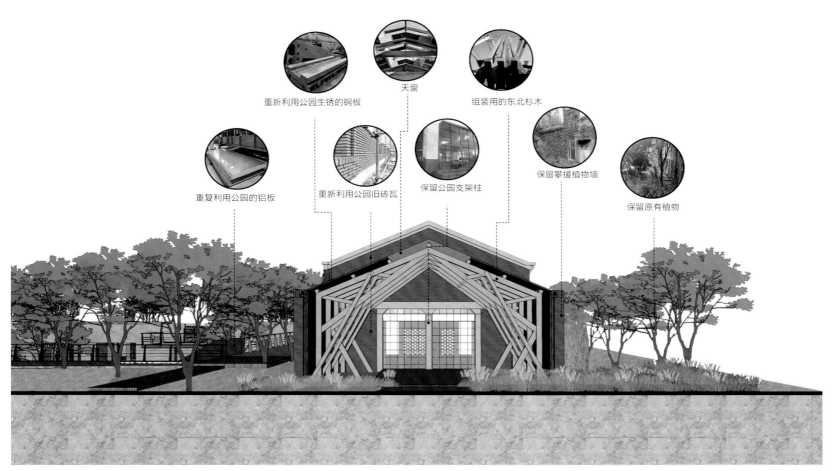

重复利用公园的铝板
重新利用公园生锈的钢板
天窗
组装用的东北杉木
重新利用公园旧砖瓦
保留公园支架柱
保留攀援植物墙
保留原有植物

清水池里的生长空间——建筑改造剖面图

施工时间：

2016年

基地面积：

12,038平方米

建筑面积：

483平方米

总楼地板面积：

18,177平方米

台北，南港区

Nangang World Trade Pteridophyte Park

中国信托企业总部暨
南港世贸蕨类公园

环艺工程顾问有限公司／景观设计

基地区位与环境概述

本案基地坐落于台北市南港区经贸段 47 地号，位于南港、汐止交界之南港经贸园区特定专用区内，基隆河在北，南港山在南。

因应都市发展形态的转变，西邻南港软件园区一二期，南邻南港软件园区三期，东接世贸展览馆及台肥商业区，北依中国信托大楼，四周土地使用均属于商办及商展用地，空间形态上为高楼所包围，亦更突显此公园用地之重要与珍贵。

规划设计构思

1. 大自然的平衡，绝对是生物生存的基本条件，也是人类强调永续环境的基础根源。环境专业者带头重视公共环境，改善公共环境，是必然也是必需的使命！

2. 全基地有三栋主体建筑及环场4层高之公共性群楼空间量体，形成基地核心的大山。周围地景则是以川流不息的流动意象为设计手法，使公共空间与临街及周边商区顺畅相连。建筑四周为全面开放的公共空间系统，北侧连

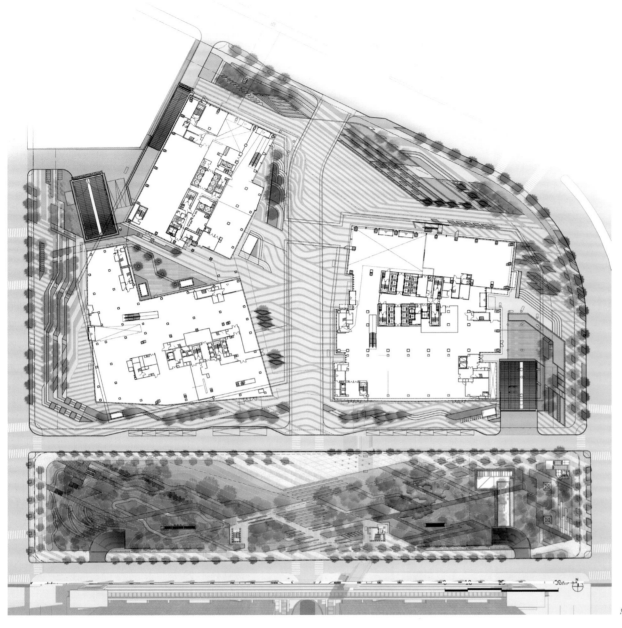

总平面图

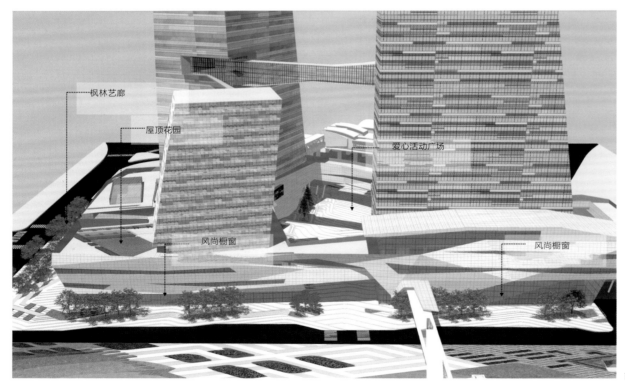

枫林艺廊

屋顶花园

爱心活动广场

风尚橱窗

风尚橱窗

南向全景

续性的水景与松廊开放性大广场面对捷运站体形塑企业门面意象；东侧双排成荫的人行步道兼顾林下休憩与半户外广场的都市开放空间功能；西侧以阶梯式的都市枫廊缓和市区街道交通忙乱的冲击；南侧公园则是有水有林，扮演关键性的绿色核心角色。

3. 公共环境中最具代表性的即是公园，本公园规划构思来自台北盆地四周的郊山，想要在一片高密度建设的经贸园区内，建造一座都市森林，具有引导生态城市观念的森林公园，担负"以环境直接感知，用公园间接教育"的生态城市再造使用。于是本案公园造山贮水，用大于一般邻里公园的设计动作，制造原本人工平台无中生有的可能。

（一）区域配置说明

本案四面临路，南北侧为10米宽之2-2及2-3号道路，东侧邻50米宽经贸二路，为南港经贸园区之主干道，西邻三重路与南港软件园区一二期相望。环顾基地四周均为各商办大楼所包围：南软一、二、三期，中信大楼，世贸展览馆等。本案之绿地于此都市空间中更显珍贵。

考虑周边居民及上班族之休憩需求，于北侧（邻商办住宅）留设大面积广场及草坡供活动游憩，南侧则种植大量乔木提供绿荫，以高低错落之栈道方式行进漫步其中，呼吸都市中难得的绿色气息，西北侧较近于住宅区域，配合地形变化设置儿童游憩区，满足居民使用之需求。

（二）植物全区配置

A. 配置草坪休憩广场；

B. 配置东北季风林带适生树种以樟树、红楠、青刚栎、森氏红淡比等乔木为主之林相配置区域；

C. 配置亚热带森林林相。

以复层阔叶林向为主，如杜英，树下富含地被植物（如蕨类植物、兰科植物）。

（三）水景配置

1. 旧有台北盆地的湿地植物环境再现

重点一：台北城市地貌变迁的回溯与植生环境考究。

重点二：湿地营造的环境因子基础／水池结构设计／水生与陆生植物相涵的植地环境。

重点三：细节环境观赏点的引导。

2. 制造话题，产生活动的台北森林绿地广场

重点一：台北盆地郊山的原生植物林相认识。

重点二：大树与草原的相互依存关系。

重点三：蕨类植物生长环境与台湾环境生态丰富的等值关系教育。

3. 侏罗纪赏蕨教学走廊

重点一："台湾蕨"世界第一的国宝宣扬。

重点二：蕨类植物生长环境与台湾环境生态丰富的等值关系教育。

特殊工程设计图样
（一）湿地浅水池

浅水池以自然生态之手法来塑造，以黏土层及清碎石为底部构造，水岸铺设自然块石制造多孔隙之湿生环境，提供适宜水生动植物栖息成长之环境。

池水系统设计。

(1)过滤：借由水生植物簇群种植，利用自然生态方式代谢水中因水中生物所排遗产生的磷、氮及有机物，并辅以机械过滤方式吸附杂物并利用过滤系统自动反洗排出污物。

(2)循环：利用池水作为自动喷灌系统水源，借由池水的消减及补替来维持水的活水状态，善尽水资源利用。

（二）旱喷泉

旱喷泉系统，平日为多功能活动空间，水景开放时可提供为亲水戏水之用，炎炎夏日并兼具调节微气候之降温效果。

（三）发泡保丽龙（EPS）堆填位置及高程图

为能重现台湾山林之意象，计划透过地形之堆栈来营造不同之空间体验。并须避免覆土重量超过地下停车场之荷重，其对策为：本案地形最高点为3米，大量覆土区规划于地下室范围外，部分区域超过1米乘载限制2米深度之覆土较深区域以高硬度保丽龙作为基础填料，以减轻整体重量。

（四）雕塑座椅

本案艺术雕塑座椅设置方式如下：街道家具融合不同材质的颜色、触感、光泽兼具实用及观赏功能，融合于公园整体环境之中。

浙江，衢州

Quzhou Park 258

衢州花园258创新
创业园改造

迈丘设计 / 景观设计

建成时间：

2017年

用地面积：

100,000 平方米

景观面积：

76，296.25平方米

业主单位：

衢州林垦网络科技有限公司

花园258项目位于衢州西区地理与经济中心，是20世纪80年代的轻工业纺织厂。设计旨在通过对场地旧厂房建筑的保护改造，营造花园式的工作、生活方式，为区域建立一个创新、可持续的创新就业基地。

建筑规划

原有的建筑为BAUHAUS风格；整体结构完整，立面造型、线条、比例协调统一，独具美感。设计采用置换与填充的规划思路，将现在巨大的封闭厂房适度开放，在旧建筑中加入多个容纳公共艺术空间的新建筑，由内而外一步一步添加和改造。设计无意于界定清晰的边界，而是试图建立一种动态的、交互式的、灵活的框架，以使其自身不断适应城市所产生的新状况。

园区规划结构以低碳生态及高效联动为目标，形成"一轴一环四区两点"，

其中"一轴"为南北贯通的中央想象轴线；"一环"为中部环绕并串联园区的绿化景观环；"四区"分别为电子商务办公组团，文化创意与信息软件组团，综合配套服务组团及公园绿地组团；"两点"为南部及北部入口的形象节点。

景观篇

以"新过去新未来"为设计理念，重现棉纺文化，植入新的都市情怀，历史与现代的结合，打造衢州智慧城市中心。以互联网创新和文化创意研发为核心，同时注重场地记忆保留，孕育充满活力的开放式城市公园，打造全新电子商务产业园。设计语言充分提炼棉纺元素，运用旧时代工业气息的纱锭和纺线，充分挖掘场地的历史文化，以一种全新的姿态重新展现在人们面前。

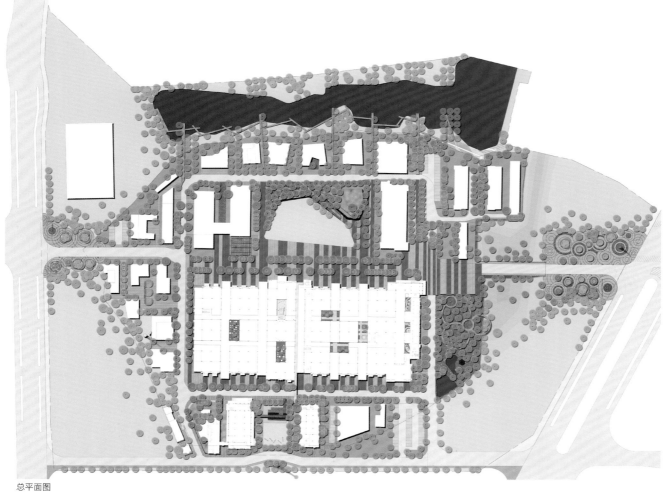

总平面图

浙江，杭州

The Cloud Town International Convention and Exhibition Center (Phase II)

杭州云栖小镇
会展中心二期

靠近设计、浙江大学城乡规划设计研究院／景观设计

建成时间：

2017年

联合设计单位：

浙江省建筑设计研究院

景观设计：

李瑛、陈道庆、桂博、章世杰、刘洪扬

建筑设计：

马迪、金鑫、毛联平、姜盛

幕墙设计：

倪江峰、倪晓峰

摄影：

毛联平

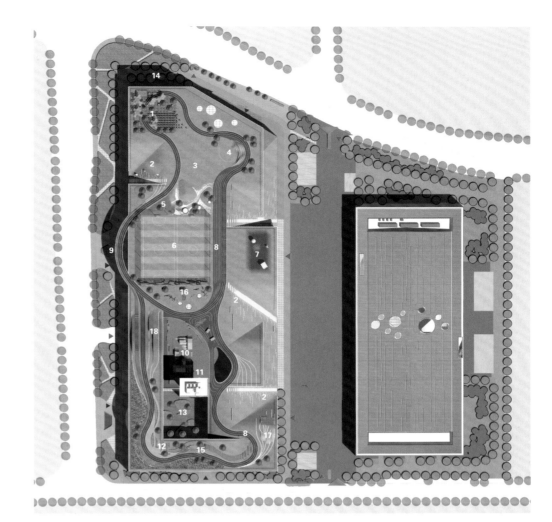

1. 社区菜园
2. 草坡
3. 草坪空间
4. 景观舞台
5. 休憩空间
6. 五人球场
7. 全息投影
8. 跑道
9. 空中跑道
10. 极限场地
11. 攀岩墙
12. 景观花园
13. 中庭
14. 下沉庭院
15. 锈板花池
16. 康乐设施
17. 景观木板
18. 草坡跑道
19. 云栖之眼

总平面图

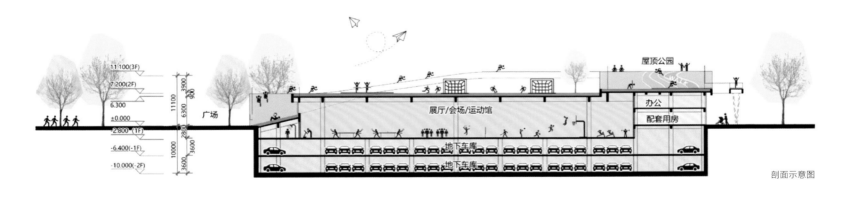

剖面示意图

项目位于杭州市云栖小镇，设计打破了以往会展建筑设计中的惯性思维，把这座66,000平方米的巨大建筑，压低到仅有6.6米高，并在边沿设置了大量缓坡，使整个屋顶看起来就像是地面的自然延续，设计希望把原本被建筑占据的场地全都归还给市民，而且是以一种更加有趣、更加绿色的"立体公园"的方式。

以往会展中心那种拒人千里之外的"高冷"形象，在这里完全找不到痕迹。人们通过草坡可以很轻松地走上屋顶，草坡本身也会吸引很多人休憩、停留。屋顶不仅仅是公园，设计还植入了足球场、瞭望塔、沙坑、小剧场、轮滑台、社区菜园、移动小木屋、凉亭、"跳格子"等十余种有趣的设施，并通过一条蜿蜒起伏的"空中跑道"把它们串联起来。极大的开放性与独特的体验，使这里每天都会吸引大量市民来此运动、休憩、游玩，甚至举办小

镇音乐会、足球赛、嘉年华、马拉松等各种自发的社区活动，成了小镇居民每日生活的必去之处。

室内不再是单纯枯燥的展厅，设计通过空间与功能的复合叠加，赋予了它新的属性——"运动仓库"。不开会的时候，展厅立刻就会转变成篮球、羽毛球、乒乓球、健身等一系列运动场地，使这里每天都热闹非凡，甚至供不应求。

通过这样一种前所未有的尝试，同样的场地，同样的建筑体量，答案不仅是会展中心，还是小镇的第一座市民公园和运动馆，极大的开放性、复合性与参与性，使这座建筑背后的城市资源得以发挥出最大的公共价值。此次设计是我们对于新时代要求下城市公共建筑设计范式的一次积极的思考与大胆的尝试。

观光塔

玻璃天窗
全息投影

极限运动场地
760m 跑道
5v5 足球场
滑梯
屋顶菜园
露天剧场

屋面结构层

办公室

办公室

内庭院
400 人多功能厅
分展厅
主入口
云栖小镇会展中心一期

餐厅
次入口
次入口
主展厅
分展厅
货运坡道
下沉庭院

地下一层汽车库

地下二层汽车库

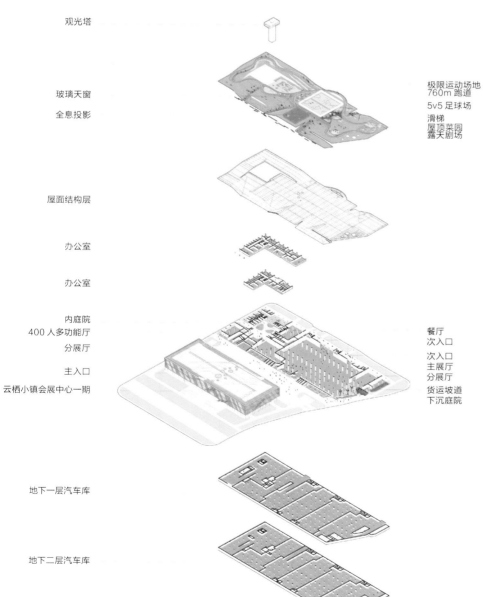

分层轴测图

建成时间：
2018年
项目设计总监：
贝龙（Stephen Buckle）
建筑设计：
天华设计
摄影：
存在建筑摄影 、 厉杰
项目面积：
20,000平方米
业主：
南信控股

中国，青岛

WFC NSincere Qingdao Development

南信青岛环球金融中心

ASPECT Studios / 景观设计

南信青岛环球金融中心位于青岛市崂山区金家岭金融商务区的核心，项目毗邻会展中心、大剧院、博物馆、体育中心等城市级配套，金融及教育机构众多，地块距离海边仅有900米。旨在打造一个在青岛乃至环渤海城市群中的全新金融地标，集定制企业总部、超甲级写字楼、创意办公、购物中心及海景酒店公寓等多元业态于一体。

光之启迪

光是璀璨的，迷人的，神秘的与温暖的。

"光"是设计的概念与灵感，为设计增添了灵动的色彩。透过设计使得光更加趣味与人性化地引导着人们，营造以人为本的舒适景观环境。不同功能划分与空间营造，体现出光的多样性带来的视觉上冲击，这正是一场光的盛宴。

设计概念

除了"星光里"品牌基因，受光之启迪，自古"光"是希望的标志、为人们带来温暖，引人注目。其多样的形式，景观设计师便根据不同的场地性质，用不同形式的光（折射光、北极光、光斑、激光等）赋予该场地特殊的功能属性以及形态特征。

设计灵感

根据光的形式，提取肌理，抽象演绎后，形成场地整个骨架；由于景观特点便是能够柔化建筑边界，让原本冷峻的建筑轮廓变得不再生硬，因此我们结合并延伸建筑整体外观，将铺装分割线与建筑立面相结合，形成一体化景观设计。

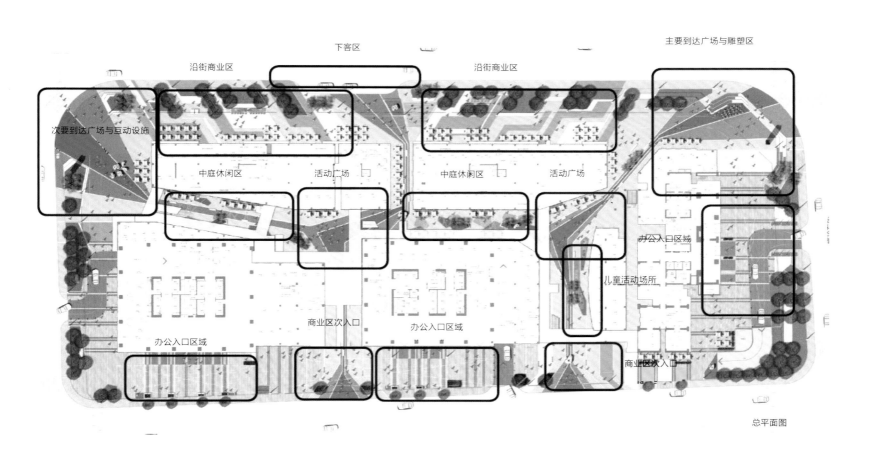

主要到达广场与雕塑区

下客区

沿街商业区　　　　　　　　　　沿街商业区

次要到达广场与互动设施

中庭休闲区　　　活动广场　　　中庭休闲区　　　活动广场

办公入口区域

儿童活动场所

办公入口区域

商业区次入口　　　办公入口区域

商业区次入口

总平面图

景观与人文精神融合的价值张力

"以不同形式的光为设计灵感，营造以人为本的景观空间序列，打造青岛这一活力都市商业办公目的地集合、人气热闹的景观空间，供人们恣意享受户外空间。为展示品质感，我们重点强调细节控制，与设计团队、业主与施工团队密切合作，确保最终成果具冲击力又简洁优雅。"——设计总监贝龙（Stephen Buckle）

星光商业走廊

商业空间带入线性设计理念让景观更具延展性，营造了以生活走廊、庭院为特征的空间感。内街尺度亲人，特色线性铺装配合商业流线作为人流引导，特色座椅如同从铺装中延展出来一般，结合小型绿洲空间，形成互动有趣的商业走廊。外街形态现代而富有创意，不同"光"的理念抽象形成特色铺装，根据空间场景而张弛有序地变化着，形成沿街零售商业和商业品牌内街之间的连接，无缝连接商业区域，以特色景观呈现出商业空间的主题，既增强了空间标识性，又愉悦人们的心理，吸引顾客创造了经济效益。

广场空间
ARRIVAL PLAZAS

● 人群汇集空间
GATHERING

● 开放性活动举办
OPEN EVENT

折射光
REFRACTED LIGHT

沿街商业空间
RETAIL FRONT

● 流动性空间
FLOWING SPACE

● 舒适的购物氛围
COMFORTABLE

北极光
NORTHERN LIGHT

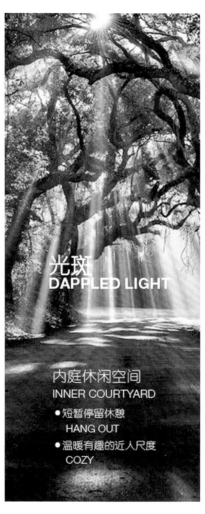

光斑
DAPPLED LIGHT

内庭休闲空间
INNER COURTYARD

● 短暂停留休憩
HANG OUT

● 温暖有趣的近人尺度
COZY

办公入口
OFFICE ENTRANCE

● 具有品质感
HIGH QUALITY

● 理性现代的氛围
RATIONAL MODERN

镭射光
LAZER LIGHT

设计灵感

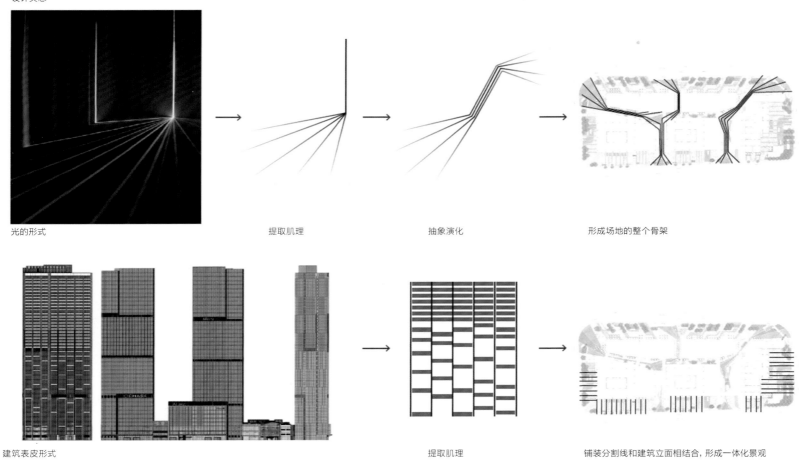

光的形式　　　　　　　提取肌理　　　　　　　抽象演化　　　　　　　形成场地的整个骨架

建筑表皮形式　　　　　　　　　　　　　　　提取肌理　　　　　铺装分割线和建筑立面相结合，形成一体化景观

设计过程

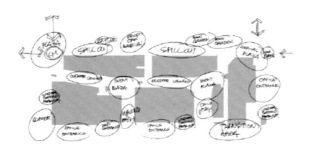

1. 细致的功能划分：视觉吸引、流动空间、入口、过渡空间、商业内外空间、游乐空间和办公活动为主的空间。

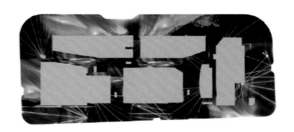

2. 根据不同的场地性质，用特定种类的光赋予该场地特殊的功能属性以及形态特征。

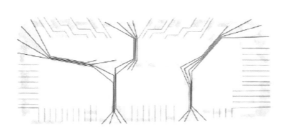

3. 将光的形态抽象化，通过不同的导向性以及节点特征给予场地基本的骨架结构。

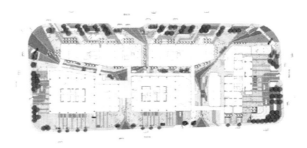

4. 细化设计布局，将不同形式语言的场所有机地整合到一起，形成动态统一的充满活力的地标性景观体验。

设计过程图

富有生机和城市风情的商业办公

为了呼应该项目在青岛的重要地位以及突显商务中心的"现代感、科技感、未来感"，以及开发商对项目的品牌定位"星光里"，我们的设计概念以"光"为设计灵感，根据不同的场地性质，用特定种类的光赋予该场地对应的功能属性及形态特征。不仅展示了项目商务金融中心的独特性，更以多元化的商业内街吸引人们进入场地，创造一处舒适、活力场所供人们互动，尽情享受户外空间。

走进艺术

在整体景观设计中，邀请了著名艺术家Lindy Lee为项目量身打造了艺术品——《星向 – 星尘之茧》。结合项目整体"星光里"的理念，这件令人惊叹的艺术品由不锈钢制成，象征着星球与生命起源，其同心圆般的星座花纹是相互联系的符号，代表着朋友、家庭和社会关系；艺术品如同伫立的引航灯塔在夜晚从内部发光，成百上千的星孔将花纹投映在地面上，除了增添一抹惊喜，还代表着欣欣向荣、繁荣昌盛、国泰民安。

克服难题

由于场地室内外存在1.5米的高差，且建筑室内标高不同，加上消防登高面的影响，在竖向处理上较为复杂，因此设计师最大限度地利用变坡方式、整洁的台阶、带有休憩座椅的种植池来消化各种高差，并在有限的空间里，尽可能地扩大广场区域活动面积。

共同合作

从设计到施工的整个过程，我们与业主密切合作，共同讨论从高差问题到材料颜色选择的各种细节难题。为了更好地创造出从浅灰到黑色铺装之间自然的渐变，我们与业主就颜色和材质做出细致的讨论，终于确定采用8种不同颜色的铺装材料，来演绎设计的细致呈现。

实现设计

为了展现出最佳的落地效果，我们为业主提供详细的扩初图纸，以便施工团队明白如何达到设计效果。特别是铺装图纸，铺装图案对施工工艺提出一定的挑战，团队多次前往现场，确保高质量的建成效果，检查每一个细节，例如确保铺装缝对缝整齐干净以及准确地跳色铺装定位。为了展现出干净的石材表面，我们与业主和施工团队按照严格的要求，对石材进行防污、防水处理，确保每一块石材都做好防护工作。

星光浩瀚，青岛金融新地标

广场的大气磅礴不仅展示了金融中心项目独特性，更吸引人们进入场地。办公入口以正式商务的门户欢迎着每一位贵客，同时，商业街与街内花园以种植点缀，创造一处舒适、活力场所供人们互动，是人们享受绿色生态、舒适惬意的绝好空间。

通过景观设计的人性化角度出发，与各商业空间有机结合，形成一个活动、交流、休闲的开放式空间，极大程度地增大了商业空间的服务区域，并营造出呼应商务活动特性的氛围。根据不同场地性质，细致的功能划分，满足了办公人士、周围邻里居民的不同需求，提供了一处可相聚、聊天、享受户外空间的兼具商业办公与生活休憩场所，打造乐活商务社交新地标。

摄影：
易兰规划设计院、林一等
项目面积：
11,670平方米
委托方：
亿利资源集团

北京市朝阳区

ELION Ecological Square, Beijing

北京亿利生态广场

易兰规划设计院／景观设计

亿利生态广场项目位于北京CBD核心区域。易兰设计团队在充分挖掘企业文化基址区位及场地现状的基础上，提出了"CBD金融核心区的一片绿洲"景观主题。设计从沙漠纹理提炼衍生出结构空间，由亿利资源网格状治沙技术衍生出纵横交错的矩阵式绿色景观基底，利用理性模数化的单元绿块，以不同的排列组合形式，形成了北侧生态绿岛、西侧生态绿廊、南侧生态绿屏等绿色空间，打造"生命之泉""生命之源""生命之轴"等重要景观节点，形成"生态绿洲，水脉绵长"的景观空间意向。

北侧生态绿岛上层空间利用矩阵式树阵构成，下层由数条东西向铺装道路分割绿地，一条折线形道路穿行林间，高效连通建筑北入口与西北侧广场空间，与矩阵式基底形成鲜明对比，为这一区域增添动感与活力。场地西北侧"生命之泉"城市广场空间，以库布其沙漠七星湖为创作灵感，利用模块化石材拼接手法实现湖面形态的抽象表达，以层叠式铺装形态模拟湖面层层涟漪，并选取七处点位设置泉眼，形成七星涌泉效果。依傍七星泉

水景，设计选取三株雪松屹立于广场视觉交汇点，以常青树象征"生命之源"。由"生命之源"向南引出一条景观水系，水系依傍草坡景墙，并通过序列式灯柱与铺装形成统一的空间引导，实现"生命之轴"的景观表达。水系东侧依次为景观大道、银杏树阵绿廊、建筑前广场，整体通过模数化的绿地斑块及铺装排布，形成简洁大气且理性通达的空间效果。

在满足基本的地面停车需求的基础上，充分利用现状植被形成绿色屏障。场地南侧以刻有亿利治沙历程的泰山石为核心，以点景大树、花灌木背景和规则式绿篱，共同衬托泰山景石。屋顶花园设计以"CBD天空树屋"为设计理念。解决了原有空间压抑、立面生硬、设备外露等问题，实现了"阳光、森林、舒适"的景观设计愿景。室内绿墙设计，以"水草丰美"为设计主题，通过相互穿插的设计手法，实现图案的变化与主题的表达。设计以理性大气的总体布局融合文化内涵创意节点，实现功能与形式、文化与意境的共生共荣。

总平面图

广东，惠州

Huizhou China Resources University

惠州华润大学

贝尔高林国际（香港）有限公司／景观设计

建筑设计：
福斯特事务所（Foster + Partners）

摄影：
思铂锐

面积：
79,100平方米

开发商：
华润沿海(惠州)发展有限公司

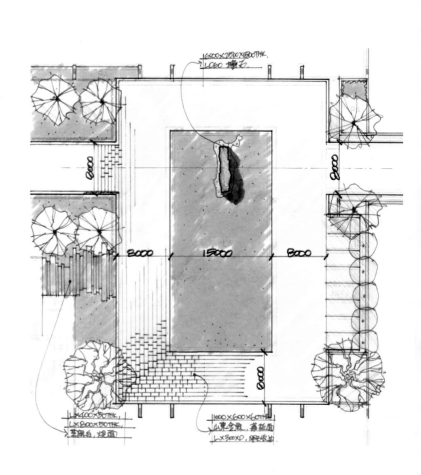

华润大学南校区位于华润小径湾山地区域，其西侧临山，东侧临河，面朝大海，具备山、河、海等自然景观资源。为在这里学习的500名学生以及35名教员提供学习、活动、住宿的空间。

极简建筑

建筑的极简表现在利用传统的砖石来打造外立面，建筑框架极致的水平感也带来了一种简洁精练的视觉感受。但是为避免建筑立面的过分单调，建筑师的小心机体现在砖石粗糙的纹理以及烧制时间呈现出的颜色的轻微差别，远看规整统一，近看却各具特色。

极简景观

考虑到项目的简约定位以及建筑外立面的独特性，景观设计师希望可以在不抢建筑风头的情况下提升该地块的空间质量。设计师以校园功能性为指向，将整个地块划分为迎宾广场、星光大道、学习园区、运动综合区、休闲庭院、静谧花园六大主题区域。

利用地块高差，结合使用功能，将大高差转变为项目优势，以最简约质朴的形式实现建筑、景观与山体环境的融合。简化设计语言，结合大学严谨稳重的学术风格和年轻人群，以简洁精练打造高端、大气、时尚、创新的大学景观。

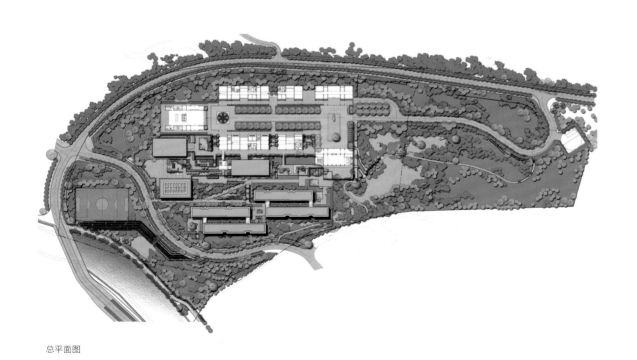

总平面图

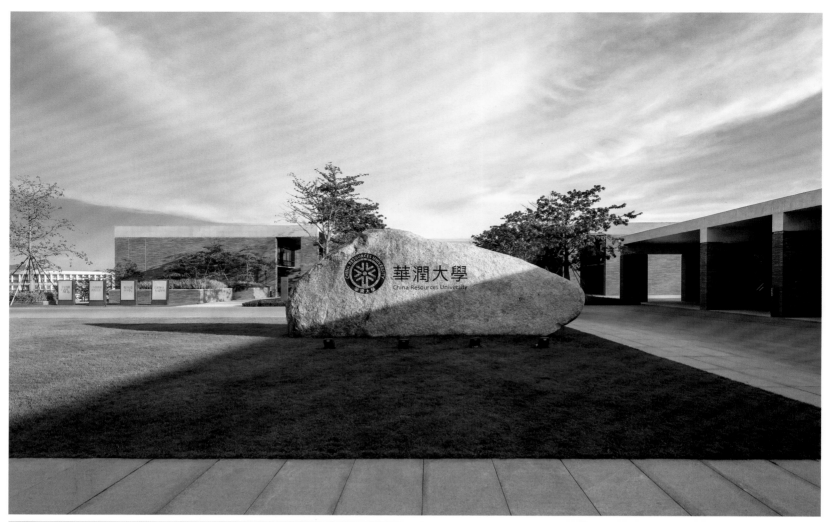

迎宾广场 + 星光大道

由主入口步入园区，中轴线的初端是华润大学的标志性LOGO石立于迎宾广场一侧，景石背面是两列规整的树阵，把中轴尽头主楼映衬得庄重大气。

以华润大学的LOGO为原型的特色水景，为整个空间画龙点睛，为简洁精练的建筑与景观增添了一分灵动的细节。

学习园区

设计师对地块进行合理的高差处理，在学习园区打造多个开放性空间，利用坡道及楼梯串联，意图让学生与教工在进入校园伊始，便体味到互动氛围与返璞归真的真意。用沉淀凝练的色彩、景观小品、植物等，烘托出宁静的浑然天成的氛围。在海边，在树下，在草地上，都成为潜在的学习交流空间。

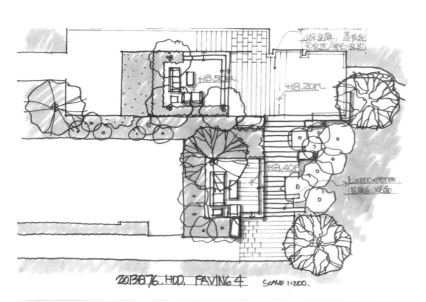

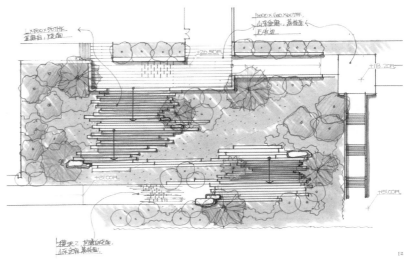

休闲庭院

设计师利用坡道及特色石梯连接不同的高差区域，将地块高差变为整个项目的优势与趣味所在，在极简主义的设计前提下，丰富空间层次，打造简约而不失趣味的景观环境。高差形成的屋顶花园可以作为高处建筑的景观绿地，在这里设置休闲座椅，学生们可以在此就餐、学习。

山体融合

华润大学的建筑由山体中段至山脚，呈现瀑布状态，由上至下高差非常大，设计师以建筑梯台及不规则楼梯的形式解决了高差问题，合理的布局让空间层次更加丰富。楼与楼之间，梯与梯之间以植物装饰建筑，让简洁硬朗的环境中更添一分校园的质朴与柔和。

设计师对高差的优化处理让整个空间关系丰富起来，实现建筑与山体的共生，景观与山体的共生，也让设计师实现了对学校周边优势环境景观的最大化利用，为景观空间的打造创造出更多的可能性。

打造与山体共生的大学景观，并通过景观的引导，实现学生之间更为丰富的沟通与交流。

— 售楼处 & 示范区

合肥皖投万科天下艺境销售中心

重庆中铁西派城

融创·香璟薹

龙湖西宸原著——清雅小空间

宜昌中心

肇庆融创书院豪庭

金融街·重庆·融府

中昂安纳西小镇示范区

宁波中海学仕里

厦门中海熹凤台

新疆中海九号公馆

中南·熙悦

保利紫云

华润万橡府

翡翠东第

安徽，合肥

Hefei Wantou & Vanke Paradise Art Wonderland

合肥皖投万科天下艺境销售中心

ASPECT Studios / 景观设计

建成时间：
2017年
景观设计团队：
陈曦、魏昆、王开元、肖琳、王鑫、张萍
建筑设计：
上海天华建筑设计有限公司
室内设计：
峻佳设计
景观施工：
深圳市璞道园林景观有限公司
摄影：
成都存在建筑摄影有限公司
面积：
15,100平方米
业主：
安徽皖赣置业有限责任公司、合肥万科置业有限公司

皖投万科天下艺境位于合肥新站区西南组团的核心区域，邻近少荃湖和绿化带。在这新兴发展的区域内，主要以年轻人为主，他们对设计、居住环境有着更高的要求、更独特的追求。

景观设计旨在有限的空间内为居民创造丰富多样且具有趣味性的城市生活环境，展示城市空间的多样性和丰富体验，从城市广场、社区公园、口袋公园到游乐、体育休闲区，这些空间与多种设施、活动体验相互巧妙融合，从而

鼓励互动、社区沟通，打造相聚的空间。

整体设计与当地社区和文化相呼应，将合肥市鲜活且极具代表性的市花——石榴花——作为灵感的起源，并结合其花形式、色彩和石榴果实的元素创造出有活力、色彩丰富、大胆创新的体验。在通过融合以社交、人群活力为重点的景观空间划分，满足社区和人群需求，鼓励人们之间的互动和交流。

一期的景观设计最终由口袋公园、社区花园和幼儿园三大主要空间组成，每个空间都提供了独特的体验，为儿童、大人、老人相聚提供了空间，让他们享受玩耍的乐趣、感受生活方式多样性和体验城市的活力。

口袋公园中心的雕塑以石榴花蕊为形，高高伫立在广场中，成为场地和周边难忘的地标。象征着风的铺装和以风中飘落花瓣为形的定制种植池和活力座椅相结合，通过不同组合排列，为人们创造一处休憩、停留和享受的舒适、恬静空间。石榴籽的独特排列被抽象提取并演化成为廊架元素，透着光在地面上形成趣味十足的光影体验，更为人们在夏日休憩提供了阴凉适宜的空间。

儿童游乐区为孩子们提供了一处体验多样游乐和学习的场地。象征着河流和森林的蓝绿相间的地铺上，是渐变色调模仿石层变化的地形山丘。通过结合互动游乐设施、戏水池、沙池，设置自由游乐和固定游乐设施，游乐设计让孩子可以聚集一起在这里自由玩耍、奔跑、学习和社交，锻炼他们社交能力、提高身体素质、感受乐趣和挑战。

社区公园是社区活动、聚会、公共活动举行的地方。这里集合了开放宽阔的公共空间和可供小团队活动的亲密空间，包括宽阔多功能活动草坪结合廊架、"石榴籽"坐凳和特色坐阶围合出的趣味空间，由树阵组成的小广场，带有阴凉的多功能空间、团体聚集区和个人休憩区。

"在这个项目上，我们希望能创造一处以人为本的社交空间，大胆且具有启发性，细节体验丰富，让人们能体验到全新城市生活的多样性和可能性。在项目设计的过程中，我和我的团队非常享受调查、研究和创造各种体验、每个空间和细节。我们相信当你走在场地中，也会感受到这个项目的乐趣、活力和热情。"——澳派景观设计工作室总监Stephen Buckle贝龙

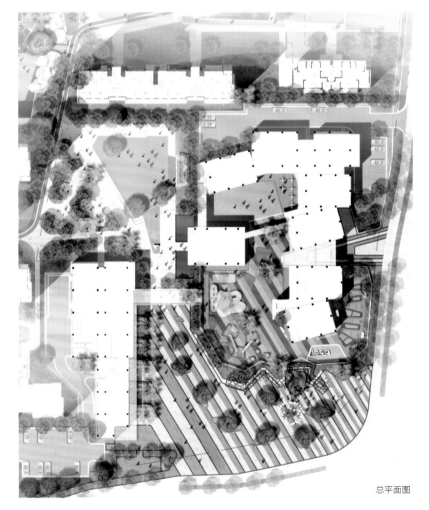

总平面图

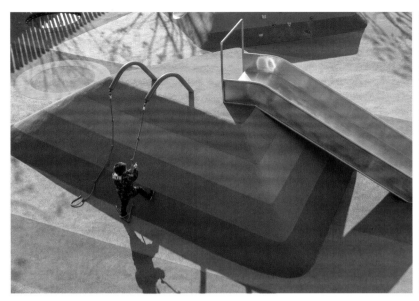

中国，重庆

CRCC · City Park in Chongqing

重庆中铁西派城

贝尔高林国际（香港）有限公司／景观设计

建成时间：

2017年

项目面积：

175,000平方米

　　相比其他高端项目，西派系列做的不仅仅是豪宅，而是最大限度地诠释了区域的价值。重庆西派城位于重庆江北区寸滩镇，享有得天独厚的区位优势。景观设计绝不是一蹴而就，通过设计师们反复的考察推敲，以当地塘头文化为蓝本，终将重庆历史的"神韵"根植其中，将重庆的山水元素融入其中。重庆的一山一水都是它的魂，栖居于此的人们倚靠着这山和水，成就了重庆这块土地上深厚的文化底蕴。

　　有道是"仁者乐山，智者乐水"，塘头文化与航运文化的发展史便是巴人对水文化的认知史，而西派城的设计便是对这山水文化的尊崇。后花园通过水系勾勒了空间边界，同时又成为连接不同竖向台地的要素。将整个重庆的山水地貌缩小至展示区的草木、砖瓦、水系，信步闲庭之时，好似置身于重庆山川江河之间。大面积缓坡水景铺排在营销艺术中心前，跌水、石坎、绿植，山城园林婉转曲折，好似一幅绝美壮观的蜀地山水画卷，江山大宅，一曲知音，静待观者。拾级而上，穿过层层叠叠的水景，是营销中心的入口，黑色的大理石高大气派，于方寸之间幻化出现代中式山水之境，那一重山水一重景的精神意境此时已了然于心。跌水瀑布在视野聚焦的地方汇聚开来，它就像一面镜子，把天空、城市、环境倒映在一起，如同重庆文化里五光十色的码头水岸，引人入胜。

　　江山重庆，示范区的水景，是对重庆表达方式的标配，大面积的水景营造灵动感的同时，也赋予其发财的好兆头。

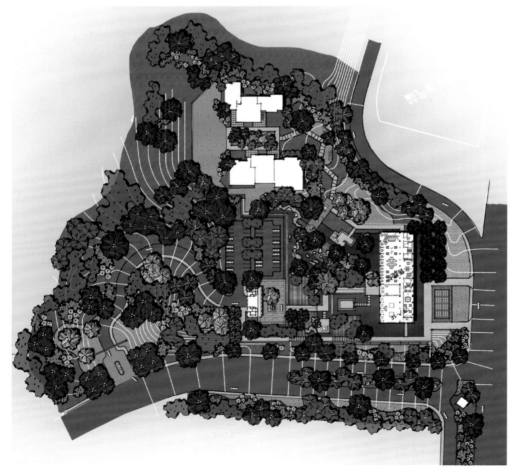

总平面图

四川，成都

Fragrance Lustre House

融创·香璟薹

重庆犁墨景观规划设计咨询有限公司 / 景观设计

建成时间：

2017年

摄影：

存在建筑

项目面积：

101,500平方米（示范区3,100平方米）

　　"大都会风格，纽约曼哈顿街区为蓝本，精致尊贵的奢适华宅"，建筑设计对项目的整体风格定位，融入景观的设计手法，希望将大都会特质进行一次创新。设计之初，前场相邻市政绿带不能被示范区利用，尽可能不触碰带状公园的整体性。为此，项目团队放弃了气势中轴的思路，思考着如何营造一个现代艺术格调的场所。尝试多番，团队落定通过景墙及转折形成前场围合庭院的方案，侧面进入售楼部。

　　前场以形式感的设计语汇构建空间，转折的参观动线与二级错台水景，使建筑、人和天空形成密切的互动，建立虚与实，有限与无限的对话。方形元素的运用起到了分割材质与时空交织的效果，形成富有幻化的空间演绎。几何特征形成强烈的序列性和视觉延伸感，形成感官错觉和视觉冲击。在紧张工期及严苛的成本控制下，对材料的选择及准备、工艺的处理及细节的把控，是项目呈现的关键。从拉丝面不锈钢，拉丝大小、颜色深浅，到使用

中不同阶段呈现出的效果，都做足了思考与预期。同时使用仿洞石瓷砖作为主体铺装材料，对工艺和技术都是一种极高的考验。且在成本控制下，未损失任何关键细节的呈现。

　　后场是一个10×23米的建筑围合空间。展示冥想，呈现出清澈、简洁、空灵的品质感。材质的搭配、元素的交织、几何语言的组合，是塑造美的过程，也是展示空间气场的手法。 清晰的镜面反射，将原有空间平行拉伸至不可触及的三维空间中，动态的跌水和静态镜面的配合，引导出清澈和幻境的哲学隐喻思考。一扇沟通心灵的大门，模糊了人与景观的界限。镜面中的景象，隐喻着人、自然和城市的双重意义。由此，走进天空，走进自己，走进无尽之境。

　　我们认为优秀的示范区景观,不仅反映此处未来生活的美好,更应当从中折射自己的生活,细致品味后,体会到设计的用心。

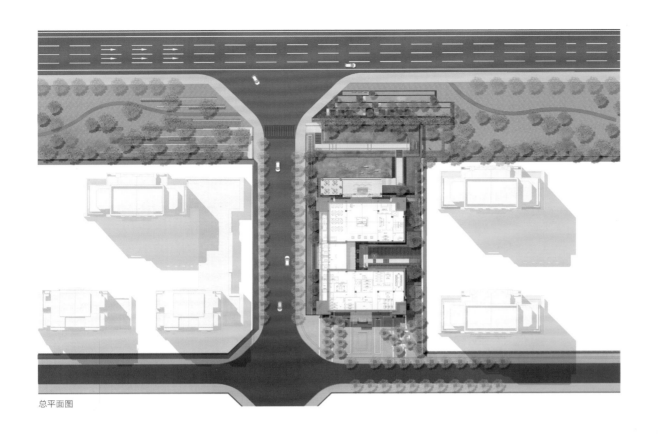

总平面图

中国，重庆

Longhu Original Residential Landscape

龙湖西宸原著
——清雅小空间

道远景观／景观设计

建成时间：
2017年
摄影：
日野摄影
项目面积：
4,300平方米
建设方：
重庆龙湖地产

我们想到以场地被雨水击打形成涟漪的场景为核心，结合展示区内多处水滴涟漪的小故事，将整个展示区串联起来，清淡中带点小优雅。我们将传统材料的新用法融合到整个体系中，希望质感冲突带来的视觉新感受，能给我们的客户带来一些惊喜。

展示区的面积只有4300平方米，现场条件比较恶劣，售楼处整体风格偏现代，早初建筑建议景观往府苑风发展，运用递进式空间，形成空间序列的转换，以达到小中见大的效果。

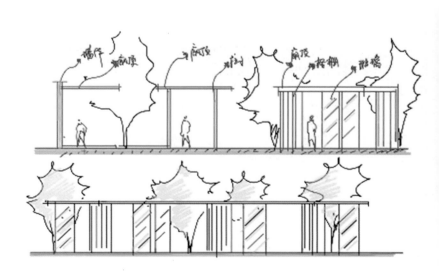

总平面图

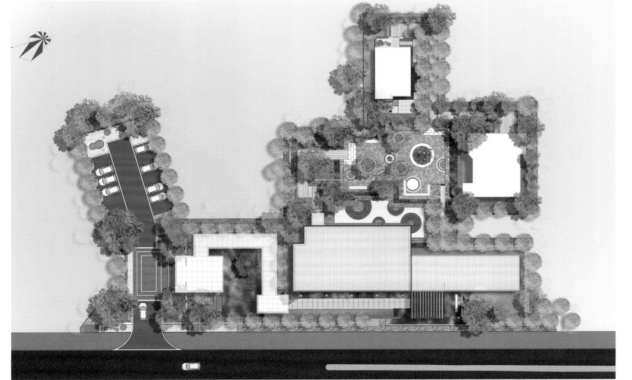

主入口的设计结合景墙的方式，通过一些竖向元素进行界定，用角钢和石材结合，呈现竖向线条立面装置，自然形成一个比较清新的入口效果，而非市场主流厚重大门的效果，同时结合主题，设计一组装置性水景，让整个入口变得更灵动、更艺术化。

涟漪庭院将人行入口和售楼处过渡，自然也成为焦点，用连廊串联整个空间，让光与影在这里写下生活的诗意，浅灰色无序竖向格栅和透光玻璃的组合，被深色的涟漪庭院轻轻托起，一切都那么轻，那么淡雅，站在回廊内，夕阳下，温和的阳光透过玻璃轻轻洒在她的脸庞上，恍如初见的回忆。

功能分析图

为了增加涟漪庭院的趣味性和故事性，我们通过一个小程序营造雨滴打落到水面产生涟漪，柔和的点式灯光若隐若现，犹如精灵般出现、消失，如梦如影。

后花园在语言上结合涟漪的形体方式，将方正的空间形体和圆形的涟漪形成咬合关系，空间上丰富而有序，增加了互动性和参与性，营造一个温馨而有趣味性的后花园，立面用芝麻黑荒面的质感和精致的地面铺装形成质感的对比，周边通过碎石的过渡，形成现代而干净的空间体系。

圆形的花池漂浮在整个场地上，搭配线形灯光，营造出温馨的空间体验，植物突破常规手法，场地主要以大乔木搭建大骨架，形成林荫效果，灌木则是运用大量的观赏花草营造极具风情感的沙漠风，让后花园焕发新的场景体验感。

建成时间：
2018年
摄影：
车凯
项目面积：
7,400平方米

宜昌市，古称夷陵。由新西林倾心打造的宜昌中心项目位于宜昌西陵区中心正源，景观设计融入三峡文化，以霞情·峡境为主题，撷取云霞、峡谷、水流等宜昌特有的山水符号，搭配现代简约设计手法，连接当下宜昌气质和东方园林的传统情怀，再现平和而深邃的园林意蕴，旨在打造一个低调内敛、传承深厚人文底蕴的城市住宅区，展现东方大雅意境，追寻一种气息、一种味道、一种引人遐思的生活格调。

湖北，宜昌

Yichang Center

宜昌中心

SED新西林景观国际／景观设计

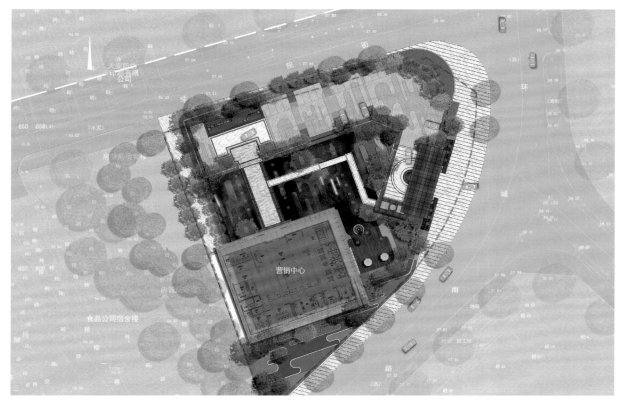

总平面图

广东，四会

Culture City, Zhaoqing

肇庆融创书院豪庭

水石设计 / 景观设计

建成时间：

2017年

摄影：

日野

项目面积：

示范区10,000平方米，大区793,000平方米

业主：

融创中国

以城市河流文化为基础，
以书院多进空间为格局，
集建筑艺术、生活美学为一体。

四水汇堂

项目位于四会城中北片区，隶属广佛肇经济圈。因四会市"四水汇流"的独特地理区位，项目以"四水汇堂"为灵感，四进的景观空间为格局，围绕水的不同形态打造景观触点。

建筑基调为新亚洲风格，以具有特色的传统文化为根基，把亚洲元素植入现代建筑语系，将传统意境和现代风格对称运用，用现代设计来隐喻中国的传统。景观语汇则希望从建筑语言中来，融合进场地气场中去。

区位图

SIHUI

四会市

因境内**四水**（西江、北江、绥江和龙江）
会流之地，故名"四会"。

"四水汇堂"

四大主题性空间
8个景观触点

辛"叠石落瀑"
水流/瀑布

⑧ 枯水庭

叁"高山流水"
山间流水

流光庭

⑤ ⑦
雨水廊

④

汇水堂
花好月圆

③

贰"镜花水月"
水波纹/明月

⑥
花溪苑

云水廊

① ②

水云涧

壹"惊鸿波澜"
浪花/溅起的水花

空间规划图

现代中式的院落布局,惊鸿波澜的仪式门厅,镜花水月主题的静谧水院,高山流水主题的自然花园,多进空间中层层体验的是叠石落瀑。在关注现代生活舒适性的同时,让亚洲传统文化得以传承和发扬。

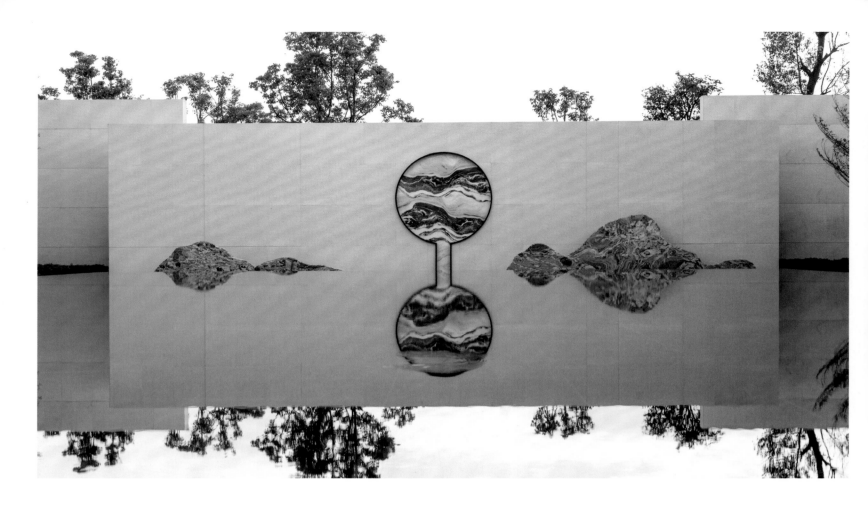

惊鸿波澜

四进景观空间格局以"仪式门厅"为第一进,取意行云流水。泛大堂的空间设计方法,"行云""流水"的形象设计以及灯光设计的巧妙配合使主入口"云水廊"成为主要景观触点,极具场地昭示性。造园讲"移步换景",空间过渡宜自然,忌直白生硬和强行兜转。设计以植物为主要元素,控制绿植疏密和竖向层次搭配,使得转折舒适,尺度自然。

镜花水月

以院汇水,聚四方之气。"汇水堂"为场地重要的品质展示空间,镜面水景邻建筑而设,以黑色镜面大理石为材,内嵌流水纹灯饰,品质在于细节。

汇水堂以水景为中心,四面围合,围墙虚实有序,围而不塞。石材片墙金属勾边,青花坛勾芡点缀其中,主景墙上云纹石材嵌景。大空间、小置景的多重设计保证品质空间的完成度和完整性。

高山流水

不同于前院规整空间,样板区以自然开敞为主要亮点。"花溪苑"采用微地形设计,起伏有形,视野延伸开阔。"流光亭"端正有序,亭中对景为一棵迎客松。进入样板展示间之前,过亭,穿廊,体验归家之感。

重庆，双碑

Financial street, Chongqing, Rongfu

金融街 · 重庆 · 融府

重庆犁墨景观规划设计咨询有限公司/景观设计

项目面积：

65,000平方米，示范区8,200平方米

摄影：

河狸景观摄影

业主单位：

金融街地产

项目位于重庆沙坪坝双碑，区位条件优越，紧邻嘉陵江，享有极好的观江视角及江岸风景。利用曲线及直线的笔触在场地中描绘山形姿态，打造城市记忆点。所谓依山，背依高山，建市立业，是山城由来，我们描绘山形姿态，作为与建筑结合为一体的背景色；傍水则是围水而居，作息哺育，生于江滩，续写流水之意，并营造前场的江滩氛围。

设计构思犹如平面中的方中画圆，勾画的一笔感性圆弧，经过细致推敲弧度与主题的契合，形成最终落定的设计构成。用现代极简的设计语言，将山水之意进行元素抽取，使具有现代感的场地语言统一，更显风格高端、大气。追溯山城入口形式，利用现代手法，将山道夹口转化为入口门头轮廓。抽取山形利用现代手法化为门头外轮廓，营造从两岸夹道行走的空间感。入口

圆弧形观景路线与门头外轮廓有机结合，让平面与竖向空间高度统一。前场的一个包围空间，拥怀江心，并在立面以曲线语言的方式与平面相呼应，透视中形成流畅的律动。将主景乔木榔榆放置前场中心，也是水景的视觉中心点，绕江心而过，与水互动做到最大空间化，营造感性的江滩与立体空间氛围，远观水中树的倒影营造江滩氛围，抒写江岸人民的情怀。建立连廊，打造便捷的看房路线，连廊立面与建筑语言统一，强调连廊内部的通透性，让人影与前场江水通过介质交织。

运用新材料、新技术，建造适应现代生活的建筑，很少使用装饰，强调建筑体形与内部功能的配合，建筑形象的严谨，灵活均衡的非对称构图，简洁的处理手法和纯净的体型使景观气质与建筑更加契合。

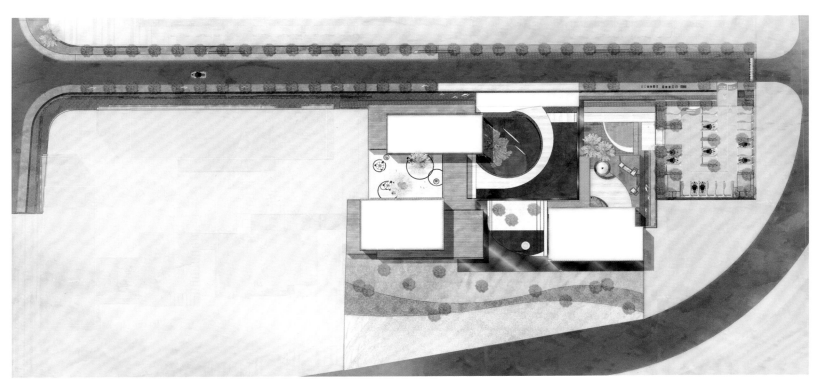

总平面图

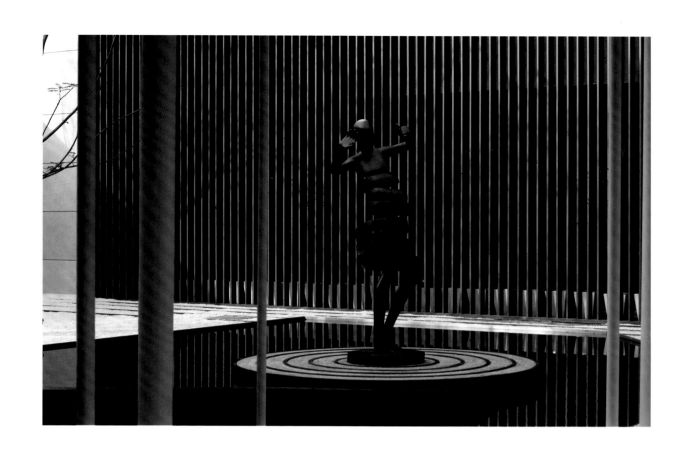

中国，天津

Annecy Town Demonstration Area

中昂安纳西小镇示范区

BJF(宝佳丰)国际设计／景观设计

建成时间：
2018年
开发商：
中昂集团

中昂安纳西小镇位于天津团泊新区，周边为独流减河、团泊洼水库等优质的环境资源，且拥有更近城市繁华的空间距离，鱼与熊掌两者兼得。

作为滨江的水岸洋房，中昂安纳西小镇拥有极好的资源，"乐山乐水，滨江筑景，倚鹿听涛，私飨栖居。"这是我们给项目的定义，秉承这样的设计理念，我们将项目样板区打造出4个区域，并且在设计之初便考虑到今后项目的二次整改问题，尽量减少以后整改变动，为甲方节约成本。

入画观山怀远

示范区入口亦是今后大区入口，开阔宽广、徐徐铺开，栅格式景墙前后错落、光影丰富，斑驳树影配合夜间黄色灯光，更显尊贵气质。

探幽返璞归真

桃花烂漫，道尽人间四月芳菲，曲径通幽，既是通往世外桃源，亦是通往最真实的心灵净土。

追梦倚鹿听涛

复行数十步，豁然开朗。景墙与植物围合，完美过渡外界环境和室内环境。景墙与营销中心相对，栅格的形式，实木的质感。东情西韵的造景理念东方的情怀，古典与现代的结合，营造了东方写意境界。夜晚灯光点亮，恰如古人秉烛夜游，立于中心镜面水景之畔。道道涟漪扩散开来，水景上鹅毛状雕塑，宛若一叶扁舟静静在水面游荡。

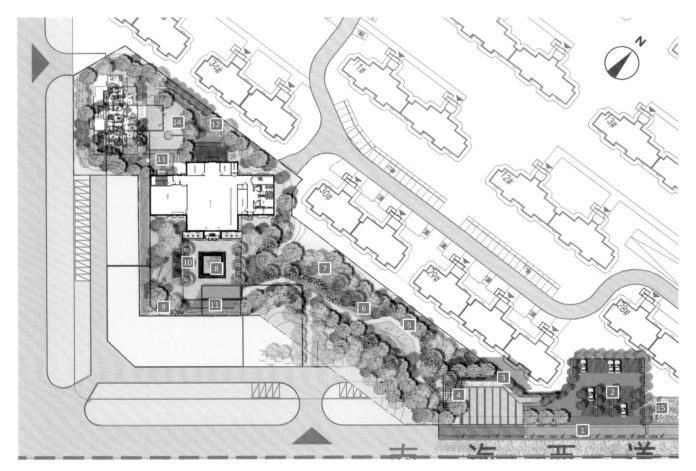

总平面图

1. 彩色沥青迎宾道
2. 停车位
3. 入口形象水景
4. 人行入口廊架
5. 园区主游路
6. 趣味软装
7. 组团种植
8. 中心景观
9. 预留出入口
10. 洽谈空间
11. 对景墙
12. 看房园路
13. 儿童活动空间
14. 观赏休憩空间
15. 精神堡垒

主要植物品种选择
基调树种：国槐、绒毛白蜡
主景树种：元宝枫、丛生蒙古栎、红枫
特色树种：早园竹、紫竹
主要乔木：国槐、绒毛白蜡、合欢、七叶树、丝绵木、楸树
常绿树种：黑松、云杉
主要灌木：海棠、紫薇、榆叶梅、碧桃、紫叶李、紫丁香、山杏、迎春
草花植物：蓝花鼠尾草、假龙头、马蔺、玉簪、八宝景天
绿篱及观赏草：大叶黄杨篱、胶东卫矛、星星草等

早园竹　　　　　　　　紫竹　　　　　　　　　玉簪　　　　　　　　假龙头

植物季相

花树　　　　　　　　　　　　　　　　　　　　观花地被

合欢　　　　　紫薇　　　　西府海棠　　　紫叶李　　　　蓝花鼠尾草　　　月见草　　　　玉簪　　　　假龙头

观花灌木　　　　　　　　　　　　　　　　　　绿篱及观赏草

紫薇　　　　　紫丁香　　　　碧桃　　　　榆叶梅　　　　星星草　　　　　　大叶黄杨篱　　胶东卫矛

上层季相

| 1月 | 2月 | 3月 | 4月 | 5月 | 6月 | 7月 | 8月 | 9月 | 10月 | 11月 | 12月 |

下层季相

样板庭院

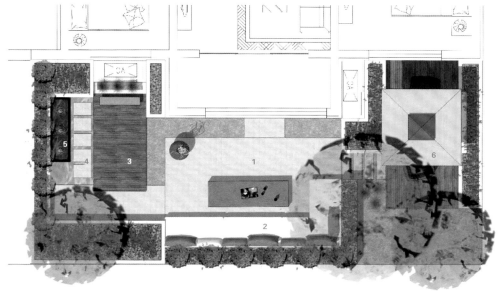

1. 特色铺装
2. 休闲沙发
3. 木平台
4. 龙岗岩汀步
5. 小水晶
6. 户外餐桌

隐逸饮飨共舞

　　宁可食无肉，不可居无竹。坐于屏风之前，品茗读书，身侧竹林环绕；立于步道之上，散心漫步，目光所及俱是翠绿欲滴，坐也是竹，行也是竹，东方院落的文人气息，一片青翠中扑面而来。

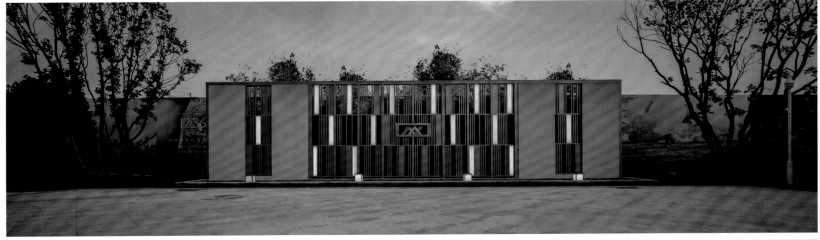

空间分析

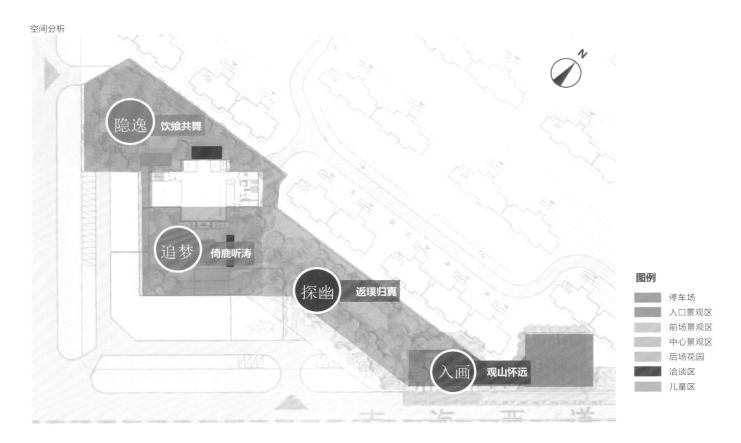

隐逸 饮飨共舞

追梦 倚鹿听涛

探幽 返璞归真

入画 观山怀远

图例

停车场
入口景观区
前场景观区
中心景观区
后场花园
洽谈区
儿童区

浙江，宁波

Private Mansion of Ningbo COB

宁波中海学仕里

派澜设计事务所 / 景观设计

建成时间：
2018年
摄影：
林绿
项目面积：
2,500平方米

项目难点

沿街环境嘈杂，界面视觉感极差。展示区占地面积小，并呈狭长分布。项目规模小，可用成本极其有限。市政管控严格，不得越线和有任何形式的改造。解决方案：沿用宁波文化中对院落曲径的理解，构建本案的空间和流线体系。大围合，规避外围不利因素，营造向内的一方净土。多转折，在有限的空间，融入流动的全方位体验。

景观整体设计以"光影艺术馆"为主题贯穿始终。通过动线组织与空间穿插，形成三个光与影的主题空间；利用灯带、窥缝、微缩山水、玻璃砖、金属格栅、印花玻璃等与阳光、灯光的结合，形成一座可以感受自然生活之美的"生活艺术馆"。

入口部分

光是空间的灵魂，用等宽的切槽和灯带，统一对应，灯光与天光混为一体，随着时间和空间两个维度的变化而变化，使空间具有独特的趣味性和艺术性。

巨石部分

"万物皆有裂痕，那是光进来的地方。" 对景是一块立置的巨石，略加修饰的外表皮保留了自然的本真和淳朴。倾泻而下的光，如同一把利剑把巨石劈开。在开启的缝隙里，涌出的泉水顺壁而下，这一刻潺潺泉音击退世间嘈杂。

石墙部分

利用屋顶的自然光线引导游人前行，只见一道光线穿破屋顶，洒在山石之上，潺潺流水自山石缝隙而出，洒落水池，视为水头；流水经过跌落汇聚成池，倒映天光与自然石景墙，给人以宁静致远的感受。

临水而行，粗犷的石壁倒映在水中，水瀑促成半江瑟瑟，光影摇曳。这一切是大山大川自然艺术的缩影和再生。一侧彰显现代工艺之美，一侧回味自然之趣。拉近镜头，墙面自然的粗犷肌理有着野性独特的韵味。倾泻而下的光，穿过自然的枝干树叶，投射在墙面上。让空间在自然野性中有了静谧的艺术感。

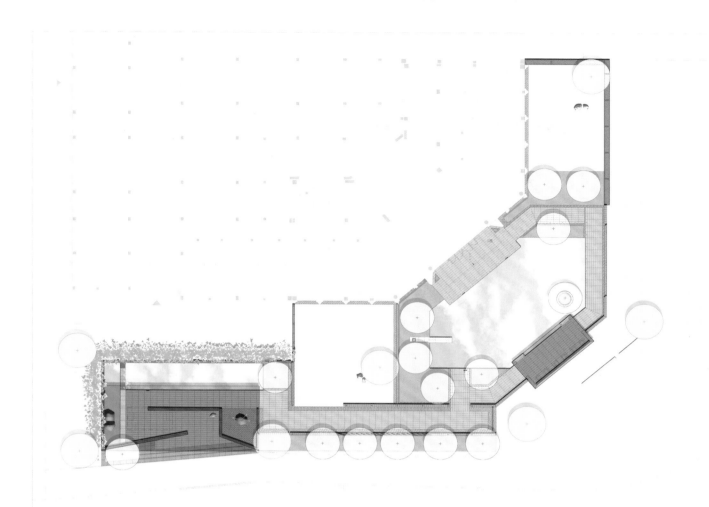

总平面图

静水庭院

　　转过一道弯，便豁然开朗，镜水池倒映建筑、雕塑与天空，美不胜收。拾级而上进入室外会客厅，静谧的水珠滴落形成珠帘，让经过的人们忍不住伸手触摸。光的魔法在水面轻柔的模糊了地面的界限，空间变得开阔而自由。仿佛声音都消失了，呼吸都变轻了，连轻柔的羽毛也不舍得打破这片美景。光影在镜面上轻柔地跳着曼舞，呈现给我们最真实的华丽。

福建，厦门

Phoenix Mansion of Xiamen COB

厦门中海熹凤台

派澜设计事务所 / 景观设计

建成时间：

2018年

摄影：

林绿

项目面积：

6,500平方米

源起·闽南古厝

　　闽南古厝,闽南话里管房子叫厝。众多故宅大厝虽然掩映在老旧的街巷里，艳艳红砖外加妖娆陡峭的燕尾脊，依然格外引人注目。

空间·几进院落，高宅大院——宅巷、高墙、深院

　　师法古典园林，空间讲求中轴对称。规划为一堂一园一苑的三进空间，追求中国古典园林的"起承转合"。让空间曲折丰富而有层次。借新中式设计手法，将山水理念融汇其中，张弛有度地描绘一幅大气优雅的现代山水画卷。

一进——临门望府

　　沿街而行，随即映入眼帘的便是以现代语言阐释中式制式的入口大门。开阔的景墙将示范区与喧嚣的城市隔绝开来，营造一墙之外繁华人间烟火，一墙之内独属诗意生活的人居境界。整体规整，大气雅致却又不失细节与精致。

　　门头、照壁、高墙按一定的空间比例严格推敲，保证了整体的典雅雍容却又不显笨重。同时在细节上，整洁的大块面与精致的格栅对比。三级台阶，

三重格栅，三间启一门。

二进——碧水明镜

　　古典园林善用欲扬先抑的手法来造园，经过门内空间，眼前豁然开朗。精致的格栅屏风、围合细长的走道与开阔自然的静水面形成对比。整体雅致而不失大气。临水而建的休闲洽谈空间设计灵感来源于倒映下的建筑，整体典雅而古朴。一壶碧茶，三两好友，清风微微，好不惬意。借用古典园林"框景"的手法。创新的使用方形在隔墙上开口，景色被框出长卷式的意境感，而人行于上本身也构成了风景，如同一幅动态的中国山水画卷。

三进——碧水映道

　　禅意的景观体验，无处不可画，无境不入诗。

　　创造性的使用了棋子的形态。圆润的棋子浮于水上，人行碧水中。静水对弈，空间富有禅意的美感。

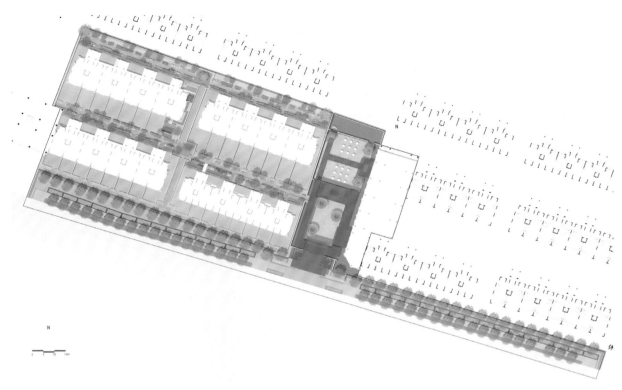

总平面图

Manor Ninth, Xinjiang

新疆中海九号公馆

SED新西林景观国际／景观设计

景观面积：
6759.2平方米
建成时间：
2018年
摄影师：
胡明俊

　　丝绸之路上的雪域城邦，延展的不仅仅是国土之界，更是人们想象与情思的无限空间，中海九号公馆再现雪域传奇。"不出城郭，而获山水之怡；身居闹市，而有林泉之致"，SED设计师团队基于对新疆的历史文韵、苍茫绮丽的自然风光与现代都市生活格调的理解与交融，将天山、冰河、雪莲通过空间形态衍化融于景观设计之中，打造区域具有深厚文化底蕴的半游式水景园林艺术，营造独一无二的居住体验空间。

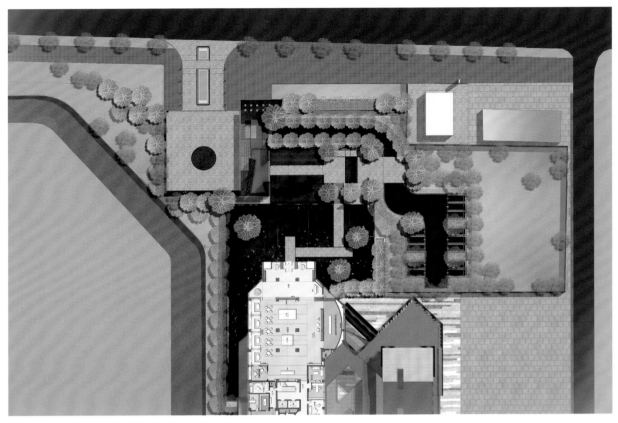

总平面图

湖北，武汉

Belief Regression

中南 • 熙悦

重庆犁墨景观规划设计咨询有限公司／景观设计

建成时间：
2017年
景观面积：
26,000平方米（示范区3,000平方米）
摄影：
存在建筑

项目位于武汉东西湖区，古"云梦泽"之地，景观追溯历史文化记忆，云梦山林之魂，在宁静之栖，在自然之居。

尚未完工的建筑，嘈杂的施工环境给不足3,000平方米的示范区带来诸多影响，我们用圆形构筑创造特定空间，"圆"特有的包容感协调场地内外的纷扰，营造自然的静谧。圆的向心力也恰好诠释引导视线的方式。天井的设计带来更多光影变换，向内引入扩散感，恰如其分将情绪糅合，让人们停留细致捕捉。

为了整圆结构完整落地且圆形廊架内侧无立柱，经过反复试验推导，落定立柱单臂悬挑结构，用白色铝单板包裹，精致序列延展空间，立柱上投影不同的光影效果，指向圆心，强化中心神圣感。中心池底暗纹水晶黑异型加

工，地面线条及立面纹理的统一语言，共同诠释古"云梦泽"水流与滩涂的历史记忆。

古"云梦泽"因濒水临湖，本就是诗意居所，湖的形态形成的设计语汇也增添几分灵动与娴静，原是麋鹿的栖息之地。这种能与之为友的动物，代表着皇家的贵族之气。两只鹿的雕塑放置于视线中心及路径转折处，金属铁丝编制而成的麋鹿，疏密有致的变化，渐变的大尺度圆环与中心构架遥相呼应，充斥着梦幻和隐逸的意味。

转折进入的后场，整体干净简洁的线条延伸至交付区域，用金属铝板饰面景墙，错落的石柱组合，显现纯粹又虚幻的光景。

总平面图

广东，广州

Purple Town

保利紫云

GVL怡境国际集团／景观设计

建成时间：
2016年
主持景观设计师：
常毅恒
摄影：
广州柏奇斯摄影有限公司
项目面积：
2550平方米
业主：
保利地产集团
建筑设计：
XAA冼剑雄联合建筑设计事务所
室内设计：
JLA广州名艺佳装饰设计有限公司

该项目位于广州市白云区棠涌村，原为广州市水泥场旧址。在新的建筑中，水泥以另一种方式呈现着岁月漫长的痕迹和曾经辉煌的历史。没有过度装饰的设计理念，没有精细的打磨和上色，水泥自身的颜色和光影的交错阐述着东方空间的留白和虚空。

在这个前提下，景观以一种低调的姿态介入场地之中，并提取山、水、石等景观元素，以抽象简洁的手法营造极具现代感、简约而富有深意的空间。正如"留白"带给人的哲学思考，言不在多，点到即可。粗糙的水泥材质和温柔的软景相互影响，点线面与黑白灰的简单结合，营造场所的纯粹与宁静。

在这个场所中，景观作为建筑的延伸，不浮不躁，不争不抢，与建筑浑然一体。简约空间的设计犹如溪水潺潺，不张扬，不磅礴，缓慢前行却从不静止，细水长流却从未消退。虚实相当，计白当黑，空间中的留白哲学，使有限的空间产生无限的可能。由空间引发的思考，是心境和生活的态度。

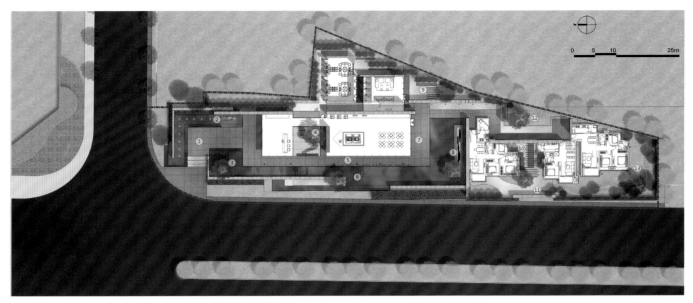

总平面图

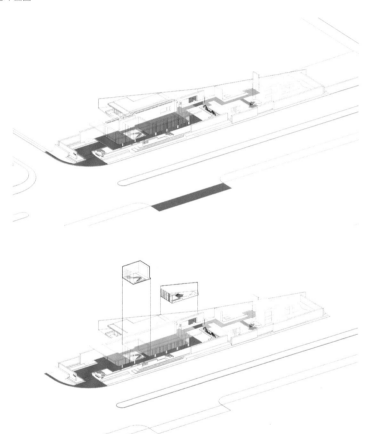

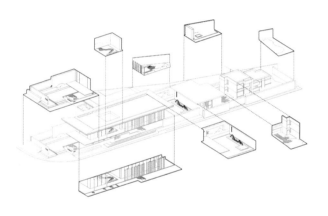

安徽，合肥

Oak Mansion

华润万橡府

上海摩高建筑规划设计咨询有限公司／景观设计

建成时间：
2018年
项目摄影：
Shrimp工作室
项目面积：
10,000平方米
项目业主：
华润集团

传承徽派典雅之气

集徽州山川风景之灵气，融中国风俗文化之精华，风格独特，结构严谨，雕镂精湛。

聚古风雅院之风

采取围合式的前场空间布置，与进门的对景壁形成巧妙的递进空间，凸显淮南徽风门宅感。结合两侧折型高墙，融入徽派元素，提升视觉冲击，运用水景及点景树，增加入口仪式感。入口门头采用茶玻格栅设计，凸显现代典雅之韵。

运用传统院落手法打造四进空间，空间互相串联，处处景观。

巧用不锈钢使其嵌入地面，从不同手法上做到波光粼粼的视觉享受。光影廊架开合有致，步移景异。踱步而至光影通廊，穿梭于其中体会心灵的回归。阳光透过格栅的缝隙洒在地面上，隐约映出窗帘的纹样。时光搁浅于此时此刻此地。

镜面水景，与景墙虚实相接，虚由实生，实仗虚行，构成空间韵律。当建筑倒映于水中时，静谧的水面与纯净的建筑形式相协调。"水"柔滑洁净，"石"精致优雅，浑然天成，打造极简空间。

绿荫花径梦时光。

艺术内庭院由一条迂回的道路串联，构建出具有丰富层次感的空间，引道入境。样板区充分营造社区氛围的邻里平台，打造景观会客厅及儿童活动区。

运用石材肌理的碰撞及金属质感的结合，描绘出现代质感的诗居，书写出写意的生活。

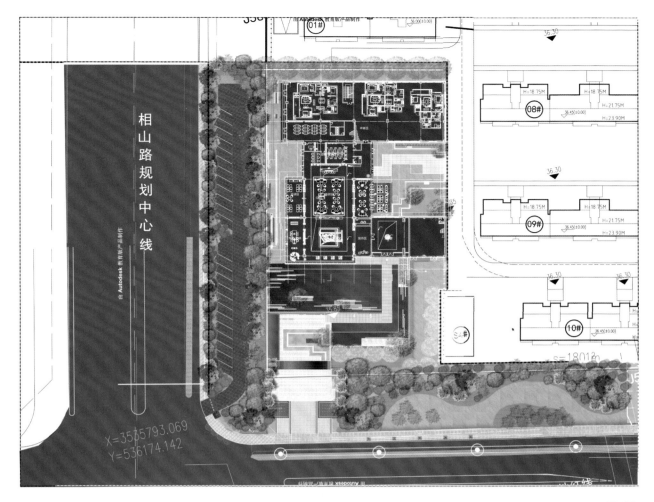

平面图

江苏,南通

Orient Community

翡翠东第

上海摩高建筑规划设计咨询有限公司／景观设计

建成时间:

2018年

项目摄影:

Shrimp工作室

项目面积:

10,000平方米

项目业主:

万科集团

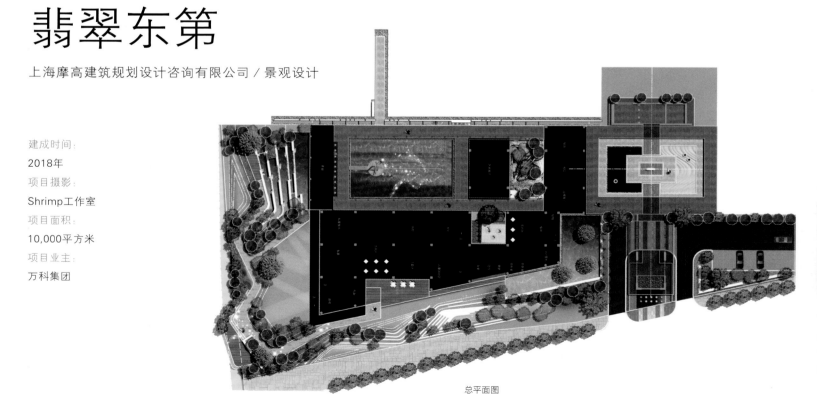

总平面图

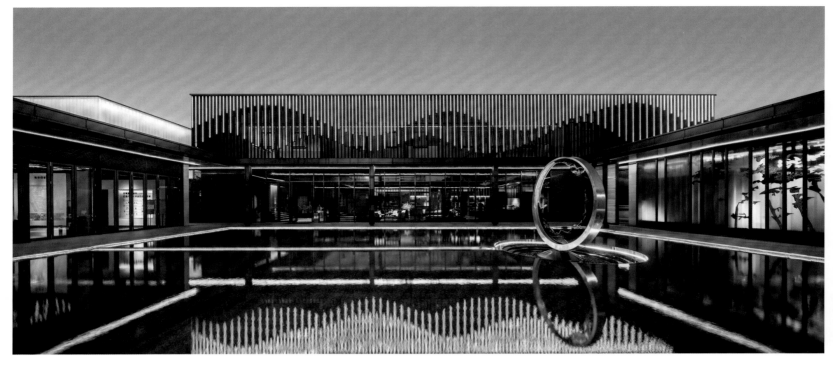

翡翠东第以当代景观语言诠释本地人文笔墨。从传统中抽离，形成独一无二的新东方主义大写意。

"一墙一瓦皆入画，一草一木一叶舟。"

五大亮点打造翡翠东第示范区山水大写意。

前场景观（前场仪式尊贵的涌泉跌水）

入口空间采用深浅灰色系铺装彰显尊贵气质，最吸引人眼球的是大尺度

门头连接连廊，充满仪式感的归家入口。光与影，风与月，穿堂入院，渐入佳境。光与影的交融、光与影的艺术表现力是无限的。

玲珑镜水（玲珑婉转的镜水树池）

片墙围合，山石着色。一片玲珑镜水回避浮华的装饰与线脚，聚焦于空间的比例与意境的营造，以自由的形式打通室内外空间的连接，达到景观与建筑的统一与融合。

北陌水厅（阴阳水土打造八卦游鱼之境）

前院灵感来自清代画家李方膺的《游鱼图》，"三十六鳞一出渊，雨师风伯总无权。南阡北陌樑声急，喷沫崇朝遍绿田。"

南迁水庭（声光电技术塑造梦幻光影之境）

七树松边花满径，五株柳外酒盈瓢。光影是视觉表现的语法，影是光的杰作；光影能使整个场景变得灵动、丰富，具有生命力。

野趣叠水（仿自然轻人工的野趣水景）

茶室以现代东方为风格走向，摒弃传统中式象征符号，保留东方风骨的安之若素，融入侘寂外表粗糙，内在完美的情怀。正所谓："大音希声，大象希形，古道从简，于象于形，于情于景。"野趣的叠水配合植物组团给人带来视觉、听觉的美妙感受。

INDEX
索引（设计公司）

P

派澜设计事务所

Q

清创尚景（北京）景观规划设计有限公司

S

SED 新西林景观国际

山水间设计工作室

水石设计

上海摩高建筑规划设计咨询有限公司

T

土人设计

W

WallaceLiu(伦敦)

上海魏玛景观规划设计有限公司

Y

一方天地环境景观规划设计咨询有限公司

一宇设计（上海）

易兰规划设计院

源创易集团（中国）有限公司

原象设计有限公司

Z

中邦园林

中国乡建院

棕榈设计有限公司

浙江大学城乡规划设计研究院

主　　编：杨学成
执行主编：梁尚宇
编委（排名不分先后）：

俞孔坚	张方法	林坚美	常骥亚	李　飞	黄颖秋	谷婉煜
张文英	肖星军	黄文烨	苏春燕	郑益毅	何铭谦	梁恺峰
冯劲谊	梁丽玲	陈乐乐	栾博	王　鑫	金越延	夏国艳
白小斌	凡　新	刘　拓	邵文威	刘　通	郁聪	黄嘉瑶
王塬锐	刘　喆	李　雯	王兆迪	赵金祥	粟　淋	张小康
陈　鹏	何宏权	张　杰	傅国华	塞先平	宋正威	杨佳佳
楼　颖	毛　征	徐跃华	苏子珺	刘升阳	吴　宪	刘泽平
萧泽厚	敖卓毅	余陈华	洪庆辉	冯诗瑾	刘学发	林庭羽
贝　龙	李芳瑜	任需涵	许宁吟	彭　涛	林逸峰	吴孛贝
王裕中	黄婉贞	徐瑞绅	李中伟	钟惠城	林　楠	梁宗杰
蓝　浩	李　瑛	陈道庆	桂　博	章世杰	刘洪扬	陈　曦
魏　昆	王开元	肖　琳	王　鑫	张　萍	邱干元	任雪雪
周钶涵	郑瑞标					

图书在版编目（CIP）数据

中国景观设计年鉴2018-2019 ： 上下册 / 《中国景观设计年鉴》编辑部编．—沈阳 ： 辽宁科学技术出版社，2019.8
　　ISBN 978-7-5591-1161-6

　　Ⅰ．①中… Ⅱ．①中… Ⅲ．①景观设计－中国－2018-2019－年鉴 Ⅳ．① TU983-54

　　中国版本图书馆CIP数据核字（2019）第075411号

出版发行：辽宁科学技术出版社
　　　　　（地址：沈阳市和平区十一纬路25号　邮编：110003）
印 刷 者：深圳市雅仕达印务有限公司
经 销 者：各地新华书店
幅面尺寸：240mm×305mm
印　　张：75
插　　页：8
字　　数：800千字
出版时间：2019年8月第1版
印刷时间：2019年8月第1次印刷
责任编辑：宋丹丹　杜丙旭
封面设计：何　萍
版式设计：何　萍
责任校对：周　文

书　　号：ISBN978-7-5591-1161-6
定　　价：618.00元（上下册）

联系电话：024-23280070
邮购热线：024-23284502
http://www.lnkj.com.cn